NUCLÉAIRE

LA GRANDE MÉPRISE DES ANTINUCLÉAIRES

« Alerte » une collection créée par Jean-Pierre Guéno
et dirigée par Franck Spengler
Photo de couverture : © Shutterstock

34-36, rue La Pérouse
75116 - Paris
www.hugoetcie.fr

ISBN : 9782755644593
Dépôt légal : octobre 2021
Imprimé en France par Corlet
N° d'impression : 21050362

PIERRE AUDIGIER

NUCLÉAIRE

LA GRANDE MÉPRISE DES ANTINUCLÉAIRES

ALERTE
Hugo Doc

SOMMAIRE

AVANT-PROPOS

Ce livre vise à alerter le public sur les risques que fait peser sur notre approvisionnement en énergie électrique une politique qui, par-delà de belles formules, risque de conduire à un abandon pur et simple de l'électronucléaire en France, la seule source d'énergie qui soit à la fois décarbonée, pilotable et déployable à l'échelle de besoins en électricité qui devraient croître au cours des années à venir.

La France est à la veille de décisions majeures qui vont déterminer l'avenir de son industrie nucléaire et de sa politique énergétique : prolongation ou non de la durée de vie des réacteurs du parc actuel au-delà de 40 ans, fermeture anticipée de 12 réacteurs (après ceux de Fessenheim 1&2 en 2020) d'ici 2035, mise en service de l'EPR (European Pressurized Reactor) de Flamanville repoussée à 2023, lancement éventuel d'un modèle optimisé, etc. Cela dans un contexte marqué par l'incertitude sur le coût de l'EPR, les conséquences de la pandémie du Covid-19 sur la demande d'électricité, etc.

Dans le même temps, chaque mois nous est promis un nouveau développement technologique dans la production décentralisée, le stockage de l'électricité en grande quantité (dont le détour par l'hydrogène électrolytique), le capture-stockage du CO_2, la distribution de l'électricité, les économies d'énergie, chacune de ces technologies étant plus séduisante que les autres. De là à imaginer qu'il suffit de quelques subventions et/ou réglementations pour qu'elles puissent bientôt être déployées à l'échelle requise, à un coût compétitif et avec l'assentiment du public, il n'y a qu'un pas que n'hésitent pas à franchir les avocats d'un abandon du nucléaire.

Comme le faisait remarquer le professeur J. Percebois, « *tout le monde fait comme si la page était tournée et que l'on était déjà sorti du nucléaire*[1]. » Le nucléaire est devenu un sujet tabou, y compris

1. *La Croix*, 1er juillet 2020.

chez ses partisans qui demeurent sur la défensive ; même EDF préfère communiquer sur les ENR (« *le solaire, une énergie gratuite et inépuisable* ») que sur le nucléaire. Sur les quatre ministres chargés de l'énergie et de l'environnement par l'actuel président de la République, trois sont partisans de l'abandon du nucléaire (Nicolas Hulot, François de Rugy et Barbara Pompili, en charge du dossier depuis juillet 2020) tandis que la pénultième (Élisabeth Borne) s'est surtout attachée à justifier la fermeture de 14 réacteurs nucléaires en parfait état de marche. Ces choix ont d'autant plus de conséquences sur la gouvernance du système qu'énergie et environnement se trouvent sous la coupe du même ministre et que, de ce fait, les arbitrages entre énergie et environnement ne passent pas en interministériel.

Les choses changent. François de Rugy a connu en 2021 son chemin de Damas et accepte désormais la cohabitation entre ENR et nucléaire, mais il n'est plus au pouvoir.

Notons aussi cette note du Haut-Commissaire au Plan : *Électricité : le devoir de lucidité* (23 mars 2021). François Bayrou y montre bien les risques que court le pays face à l'écart croissant qui s'installe entre des besoins en électricité qui devraient croître de façon substantielle et les investissements qui doivent s'inscrire dans une vision à long terme. Il entend « *engager immédiatement un travail avec toutes les parties prenantes dont l'objet sera de définir dans les meilleurs délais plusieurs trajectoires d'évolution du système énergétique.* » Dans *Le Point* du 4 février 2021 : « *Si on considère que les émissions de gaz à effet de serre sont la question climatique principale… on ne peut pas continuer à fermer des tranches de centrales nucléaires.* »

Ce livre s'adresse principalement à celles et ceux qui veulent se faire leur propre opinion sur la place du nucléaire dans la politique énergétique du pays, face 1) aux antinucléaires et à leurs arguments ainsi qu'à ceux qui 2), sans s'opposer explicitement au nucléaire, se font les avocats d'un déploiement accéléré des sources intermittentes sans

tenir compte de la pilotabilité du réseau et de ses conséquences sur le bilan économique du nucléaire et, partant, sur la facture des ménages.
L'objet de ce livre est donc de rétablir les faits, montrant ainsi comment les opposants au nucléaire induisent en erreur le public.
Pour commencer, nous présentons brièvement les arguments de ceux qui s'opposent au nucléaire avec l'exemple emblématique de Greenpeace.
Le lecteur trouvera ensuite un historique des décisions qui ont conduit à la constitution du parc nucléaire actuellement en fonctionnement, qui permet au parc électrique d'être décarboné à plus de 70%.
Le troisième chapitre est consacré aux avantages/inconvénients de l'énergie nucléaire et des autres sources d'électricité susceptibles de répondre aux besoins des consommateurs français, c'est-à-dire principalement les sources intermittentes. On rappellera les enseignements à tirer du « modèle » allemand tout en se demandant pourquoi ils sont à ce point ignorés chez nous.
L'historique de la politique française du nucléaire depuis l'élection de François Mitterrand à la présidence de la République en 1981 fait l'objet du chapitre suivant. Ce chapitre traitera notamment des principales lois qui concernent le nucléaire – notamment celles de 2015 et de 2019 – et la PPE (Programmation pluriannuelle de l'énergie) de 2019 avant un rappel des déclarations de femmes et d'hommes politiques qui participent à l'élaboration de la politique de l'énergie et marquent ainsi le contexte politique de la fin de l'année 2020. Comme on le verra, on chercherait en vain des soutiens sans ambiguïté au nucléaire.
Le 8 décembre 2020, au Creusot-Loire, le Président a certes réaffirmé son soutien au nucléaire et, *en même temps*, son soutien aux renouvelables, mais il confirme que, s'agissant du nouveau nucléaire, il n'y aura pas de décision avant la mise en service de l'EPR de Flamanville, soit 2023. Rien sur la fermeture des deux réacteurs de Fessenheim ni sur celle de 12 autres annoncée pour être effective d'ici 2035 ; rien non plus sur le doublement programmé des renouvelables d'ici 2028 et ses conséquences financières.

Nous concluons sur les incertitudes qui pèsent sur l'avenir du nucléaire français et alertons le lecteur sur les dossiers qui appellent une décision urgente.

Plusieurs annexes viennent ensuite étayer les analyses précédemment développées, les unes techniques, les autres consacrées au contexte.

Les quatre premières annexes traitent du contexte international :

- La première est consacrée à la problématique du réchauffement climatique au niveau mondial et au rôle joué par les instances placées sous l'égide de l'ONU, les COP (Conference Of Parties), l'UNSCEAR (United Nations Scientific Committee on the Effects of Atomic Radiations) et le GIEC (Groupe d'experts intergouvernemental sur l'évolution du climat) qui souligne que le nucléaire a toute sa place dans une politique de lutte contre ce réchauffement.
- Nous présentons ensuite rapidement (annexe 2) la politique nucléaire des principaux pays qui en ont une, de ceux qui l'ont abandonnée et de ceux qui s'interrogent. Nous y trouvons de redoutables concurrents comme les États-Unis, la Russie et la Chine.
- L'Union européenne – Conseil, Commission et Parlement –, avec la compétence exclusive de la Commission en matière de droit de la concurrence et la priorité donnée aux énergies renouvelables, fait l'objet de l'annexe 3. Une institution qui, globalement, n'est pas favorable au nucléaire. Ainsi, la *taxonomie* – un système de classification des investissements durables –, actuellement en discussion, viserait à exclure, au motif qu'il ne serait pas « durable », le nucléaire de financements européens ; la décision est attendue pour la fin de l'année 2021.
- L'Allemagne et sa transition énergétique (*Energiewende*) avec sortie complète du nucléaire prévue pour 2022 et du charbon prévue pour 2038. Politique que certains en France n'hésitent pas, malgré ses difficultés, notamment son coût et son bilan carbone, à prendre pour modèle (annexe 4).

Les suivantes concernent plus particulièrement la France :

- Un rappel, pour commencer, des principaux types de réacteurs et de leurs principes de fonctionnement : *les réacteurs PWR* ou REP (réacteurs à eau pressurisée), ceux du parc actuel, dits de la IIe génération, les *réacteurs à neutrons rapides,* dits de la IVe génération *RNR* (l'EPR étant dit de la IIIe génération) et les *small modular reactor SMR.*
- Dans la suivante, nous déchiffrons les *nouveaux éléments de langage* qui accompagnent la transition énergétique dans laquelle nous sommes embarqués : 1) la *complémentarité* nucléaire/intermittentes, qui vise à accréditer l'idée que l'on peut développer l'intermittence sans se soucier de ses implications sur le nucléaire ; 2) la *variabilité,* qui vise à accréditer l'idée que la production intermittente varie comme le fait la demande et que, par conséquent, il n'y a là rien de nouveau pour les gestionnaires de réseau ; 3) la *parité réseau,* qui introduit la confusion entre la valeur d'usage du kWh pour le consommateur et le coût d'un kWh disponible quand les conditions météorologiques le permettent, confusion que l'on trouve jusque dans des documents officiels de la DGEC (Direction générale de l'énergie et du climat), qui a pourtant parmi ses missions la réflexion sur la stratégie – la *vision* – énergie/environnement du pays.

Puis viennent trois annexes qui explicitent des développements esquissés dans la première partie en réponse aux questions, légitimes, que se pose le public :

- La *radioactivité,* notamment les faibles doses, sachant que nous baignons tous dans la radioactivité naturelle.
- La *sûreté,* qui fait l'objet d'une surveillance toute particulière sous l'égide de l'ASN, unanimement reconnue comme l'une des plus efficaces du monde.
- Les *déchets,* en mettant l'accent sur deux sujets aujourd'hui particulièrement controversés, celui des déchets de très faible activité et celui des déchets hautement radioactifs et/ou à vie très longue (projet Cigéo).

L'avant-dernière porte sur les origines de l'idée d'un passage du nucléaire à 50% du mix électrique et sur ses implications, y compris au niveau de la « *plaque de cuivre* » européenne.
La dernière annexe apporte un choix de références bibliographiques, y compris de références antinucléaires.

CHAPITRE 1

QUI SONT LES ANTINUCLÉAIRES ? LEURS ARGUMENTS

Les antinucléaires forment une nébuleuse dont nous ne pouvons donner ici qu'un bref aperçu.

Il y a tout d'abord des ONG dont l'antinucléarisme est un fonds de commerce historique, lié à la contestation de la société de consommation de l'État et des grandes sociétés, ou à un combat pacifiste hérité de la guerre froide : leurs actions vont de la diffusion d'études comme *négawatt* – qui promeut la décroissance de la demande d'électricité et le 100% renouvelables –, *à l'envoi de parachutistes* au-dessus des centrales pour en montrer la vulnérabilité et à l'organisation de ZAD (zone à défendre), comme à Bure, site prévu pour l'enfouissement de déchets fortement radioactifs et à vie longue. Parmi ces ONG : Greenpeace, Sortir du nucléaire, Global Chance, Oxfam, la FNH (Fondation Nicolas Hulot) sont les plus médiatiques. Elles ont en commun d'exiger qu'on leur démontre que le nucléaire présente zéro risque, ce qui, nous le savons, est indémontrable : on ne peut pas démontrer que quelque chose n'existe pas !

D'autres, sans être explicitement antinucléaires, se font les avocats du 100% renouvelables. En premier lieu, on citera le Syndicat des énergies renouvelables, sur le site duquel on trouvera les arguments en faveur des renouvelables. Plus significatif est le fait de voir de puissantes sociétés comme Total ou Engie reprendre l'essentiel des arguments du SER, ceci, bien sûr, au plus grand profit du gaz (le président de Total ne dénigre pas le nucléaire, mais le trouve trop compliqué).

GREENPEACE ET LA SORTIE DU NUCLÉAIRE[2]

Le nucléaire est dangereux

La liste des dangers du nucléaire est aussi longue que terrifiante. L'industrie nucléaire produit des déchets dont elle ne sait pas quoi faire.

2. Extrait du site de Greenpeace.

Elle rejette des substances hautement radioactives dans les eaux, l'air et les sols. Elle fait circuler à travers la France des convois de combustibles et de déchets qui sont une menace pour les populations.
Les centrales nucléaires peuvent être victimes d'accidents. Fukushima, Tchernobyl ou encore Three Mile Island sont autant d'exemples tragiques d'accidents nucléaires. Ce risque d'accident est aujourd'hui renforcé par le vieillissement de réacteurs installés il y a plusieurs décennies.
Ces réacteurs sont susceptibles d'être de plus en plus exposés au risque d'actes malveillants.
Le coût du nucléaire en France est astronomique
Le nouveau réacteur EPR de Flamanville devait coûter initialement 3 milliards d'euros : il devrait au final en coûter plus de 10. Quant aux deux réacteurs d'Hinkley Point, en Angleterre, ils devraient coûter plus de 22 milliards d'euros en tout. Par ailleurs, la prolongation des réacteurs nucléaires au-delà de leur durée de vie initiale, comme EDF cherche à le faire, coûterait des dizaines de milliards. Cette filière est en faillite économique. Ce sont les consommateurs et les contribuables, d'aujourd'hui et de demain, qui paieront la facture. Ces dizaines de milliards d'euros consacrés au nucléaire pourraient aller plus utilement aux énergies renouvelables et à une politique de maîtrise de l'énergie (sobriété et efficacité énergétiques). Là où la manne du nucléaire incite au gaspillage de l'électricité, les énergies renouvelables pourraient produire de l'électricité à moindre coût et créer des dizaines de milliers de nouveaux emplois. Elles sont la solution pour faire face aux dérèglements climatiques futurs.
Le nucléaire n'assure pas notre indépendance énergétique
Pour faire tourner la machine nucléaire, la France importe 100% de son uranium. Elle importe par ailleurs 99% du pétrole et du charbon dont elle a besoin, ainsi que 98% du gaz. Seul le recours aux énergies renouvelables nous permettrait d'être autonomes. Mais le lobby du nucléaire se garde bien de le reconnaître.

Le nucléaire n'est pas démocratique

Le lobby nucléaire organise le mensonge. Par ailleurs, jamais un vrai débat démocratique n'a été organisé. Lorsque des consultations ont été mises en place, les résultats ont été systématiquement contournés par l'État. C'est malheureusement une leçon tirée des échanges qui ont eu lieu dans le cadre du Débat national sur la transition énergétique (DNTE) et au sein du Conseil national de la transition écologique (CNTE). Dans une récente consultation publique, 70% des répondants s'opposaient pourtant au maintien du nucléaire.

Des solutions existent

Sortir du nucléaire

Il n'y a qu'une solution face aux dangers de l'énergie nucléaire : y renoncer.

Le nucléaire est sans issue : il faut changer de voie. En défendant ce point de vue, Greenpeace ne se montre pas utopiste, mais pragmatique.

Comment défendre une énergie aussi risquée, aussi coûteuse, aussi peu démocratique, aussi peu adaptée au futur de notre planète ?

Les moyens financiers, techniques et humains sont là : les énergies renouvelables sont aujourd'hui prêtes à prendre le relais du nucléaire et des énergies fossiles (et elles le font déjà dans bien d'autres pays).

Le nucléaire verrouille le développement des renouvelables.

Greenpeace demande que l'ensemble des acteurs politiques et économiques réorientent leurs stratégies vers des projets compatibles avec la transition énergétique pour sortir des énergies fossiles et du nucléaire : accélération du développement des énergies renouvelables, généralisation d'une culture de sobriété énergétique, mise en œuvre de plans d'efficacité énergétique, accroissement des solutions de financement des projets, etc.

Dans son livre *La vérité sur le nucléaire : un choix interdit*[3], Corinne Lepage nous offre en conclusion sa vision de la société post-nucléaire

3. Albin Michel, 2011. Le lecteur trouvera une analyse de cet ouvrage sur le site de Sauvons le climat. Ce livre constitue une synthèse des arguments des antinucléaires. Très présente dans les médias, l'auteure est notamment l'avocate de la ville de Genève dans son action contre la centrale nucléaire du Bugey qui en est éloignée d'une soixantaine de kilomètres.

qu'elle appelle de ses vœux : « *La société post-nucléaire nous apportera : vérité, décentralisation, création d'emplois et nouvelle dynamisation de l'économie, indépendance énergétique, un scénario gagnant-gagnant. La méthode qui permettrait de mettre en œuvre une telle transformation : donner aux Français le droit de choisir.* »

Qui ne souscrirait à une telle utopie ?

CHAPITRE 2

LE PARC ACTUEL ET LES ÉTAPES DE SA CONSTRUCTION

En octobre 1945, le général de Gaulle crée le CEA (Commissariat à l'énergie atomique) en vue de l'utilisation de l'énergie atomique dans les domaines de l'industrie, de la santé et de la défense nationale. Dix ans plus tard, en 1955, le CEA met en service à Marcoule un premier réacteur nucléaire modéré au graphite utilisant l'uranium naturel comme combustible (filière dite UNGG : uranium naturel graphite gaz) avec le graphite comme modérateur et le gaz (CO_2) comme fluide caloporteur. D'une puissance très modeste de 2MW, ce réacteur est baptisé G1 ; il est destiné à la Défense nationale car il produit du plutonium de qualité militaire (Pu 239). Deux autres réacteurs expérimentaux (G2 et G3) seront mis en service en 1959 et 1960 et exploités par le CEA jusqu'en 1980 et 1984.

Au total, neuf réacteurs appartenant à la filière UNGG – dits de 1e génération – auront été construits en France. Le dernier d'entre eux – à Bugey – sera raccordé au réseau en 1972 et arrêté définitivement en 1994. Il est actuellement en cours de démantèlement.

Cette filière avait été choisie par le général de Gaulle pour des raisons d'indépendance : pas besoin d'enrichir l'uranium naturel qui, de plus, était alors disponible dans le sous-sol français à des conditions économiques ; le Général avait donné son accord pour la construction de deux réacteurs de ce type à Fessenheim, accord auquel il ne sera finalement pas donné suite. Cette filière présentait en effet des inconvénients : son coût, son volume et sa sûreté.

Cette filière a été abandonnée en 1969. Le président Pompidou décide, sur la suggestion de M. Boiteux, alors directeur général d'EDF, d'adopter le réacteur PWR (Pressurized Water Reactor) ou REP[4] (Réacteur à eau

4. L'annexe 5 est consacrée au principe de fonctionnement des REP et des autres réacteurs que développe la France (réacteurs rapides et SMR).

pressurisée) qui sera construit en France par Framatome sous licence Westinghouse. La filière sera francisée.
Octobre 1973 : la guerre du Kippour conduit au premier choc pétrolier. L'OPEP décide d'augmenter de 70% le prix du baril, puis de réduire sa production de pétrole de 5% chaque mois. Le prix du baril se stabilise à 12 dollars de l'époque.
Mars 1974 : Georges Pompidou décide d'accélérer le programme électronucléaire français. Ce sera le plan Messmer qui consistait en la commande de 4/5 réacteurs par an.

UNE DÉCISION STRATÉGIQUE : LE CHOIX DU CYCLE FERMÉ

Le combustible du réacteur REP est composé d'oxyde d'uranium[5] naturel enrichi en U235 (maintenant à 5%) qui est **fissile**. Après un séjour entre 54 et 60 mois dans le réacteur (renouvellement chaque année par tiers), il est d'abord entreposé en piscine, ce qui lui permet de commencer à refroidir ; mais les produits de la fission continueront de dégager de la radioactivité et de la chaleur longtemps après leur séjour en piscine.

Cycle ouvert

Le combustible usé (CU) est considéré comme un déchet.
Après son séjour en piscine, il est, après un conditionnement approprié, stocké définitivement. Il existe de par le monde un large consensus pour que le stockage des déchets de forte activité ou à vie longue – donc le combustible usé – se fasse en couche géologique profonde.

LES DÉBUTS DE L'ENRICHISSEMENT DE L'URANIUM

Les États-Unis ont longtemps gardé le monopole de l'enrichissement (par diffusion) de l'uranium nécessaire pour obtenir l'uranium faiblement enrichi du combustible des REP, mais aussi l'uranium fortement enrichi nécessaire

5. L'uranium naturel est composé de deux isotopes, l'U238 (99,3%) et l'U235 (0,7%).

à la bombe. Ce monopole a été brisé par la France (usine de Pierrelatte) et le Royaume-Uni (usine de Capenhurst), puis par l'émergence d'une technique concurrente, la centrifugation, technique à laquelle la France s'est finalement ralliée en 2005, parce qu'elle est beaucoup moins consommatrice d'électricité. Mais cette technologie est également plus facile d'accès et, par conséquent, facilement accessible à des candidats à la « prolifération » de l'arme nucléaire.

Cycle fermé

Le combustible usé est considéré comme valorisable puisqu'il contient de l'uranium encore faiblement enrichi en U235 (1%) et de l'U238, isotope **fertile** en ce sens qu'il se transforme en Pu 239 fissile sous l'effet des neutrons rapides (produit en très faible proportion dans le REP). Il contient également des transuraniens ou actinides mineurs (Neptunium, Américium, Curium) à vie longue et, bien entendu, les produits de la fission. Il sera retraité, opération qui consiste à séparer ses composants avant d'en traiter chacun suivant ses caractéristiques. C'est la stratégie adoptée par la France en 1969. Elle ouvre la voie vers la surgénération, ainsi dénommée parce que cette filière permet de générer plus de matière fissile qu'elle n'en consomme : Rapsodie, Phénix, Superphénix et Astrid dont on reparlera plus loin. Le retraitement permet de réduire considérablement le volume des déchets très radioactifs et à vie longue. Quant au plutonium, il pourra entrer dans la composition du combustible MOX (Mixed OXyde) déjà utilisé dans plusieurs REPs, économisant ainsi de l'uranium 235.

Un choix technique mais aussi politique

Les Américains se sont rapidement opposés au cycle fermé auquel il était reproché d'être proliférant. C'est que le retraitement donne accès au Pu 239, autre voie d'accès à l'arme nucléaire. Depuis, la technologie de la centrifugation a complètement changé la problématique en permettant de faire des armes sans recourir au plutonium, mais avec de l'uranium hautement enrichi.

LE PARC EN FONCTIONNEMENT AU DÉBUT DE L'ANNÉE 2000

54 réacteurs – 34 réacteurs de 900 MWe (CPO, CPY et CP2) et 20 de 1300 Mwe – ont été mis en service entre 1977 et 1990, soit en 13 ans ; ce qu'il aura fallu pour construire l'EPR de Flamanville ! Quatre réacteurs de 1450 MWe (N4) ont ensuite été ajoutés ; Civaux 2 est le dernier à avoir été mis en service (en 2002). Ces *paliers* constituent la génération II. 58 étaient en fonctionnement jusqu'à l'arrêt, en 2020, des deux plus anciens, Fessenheim 1&2 (2x900 MW), mis en service en 1977 et 1978 et en parfait état. Ce parc a été financé par l'emprunt avec garantie de l'État, garantie qui n'a pas été appelée à jouer mais qui n'a toutefois pas été inutile puisqu'elle a permis à EDF d'emprunter à un taux de 4%.

Bilan électrique 2020 (source RTE)

La production d'électricité en France métropolitaine s'est élevée à 500,1 TWh en 2020, soit 7% de moins qu'en 2019 (le plus bas niveau depuis 20 ans). Dont : Nucléaire : 67,1% ; Hydraulique : 13% ; Éolien : 7,9% ; Solaire : 2,5% ; Bioénergie : 2,0% ; Fossiles : 7,5%.

L'énergie nucléaire a donc compté pour 67,1% de la production totale d'électricité en France métropolitaine en 2020, mais la filière a connu un « *recul historique* », générant 11,6% d'électricité en moins qu'en 2019 (335,4 TWh en 2020, plus bas niveau de production depuis 1993). RTE (Réseau de transport d'électricité) estime que plus des trois quarts du déficit de production de la filière est « *lié directement à la crise Covid* ». S'y ajoute la fermeture des deux réacteurs de 900 MW de la centrale de Fessenheim qui a réduit la puissance du parc nucléaire français pour la première fois depuis 2009 (de 63,1 GW à 61,4 GW).

La production des différentes centrales thermiques à combustible fossile (gaz, fioul et charbon) a également reculé de 10,6% en 2020 (portant leur part dans la production française d'électricité à 7,5% en 2020).

La production d'électricité d'origine renouvelable compte pour plus d'un quart de l'ensemble de la production annuelle d'électricité en France. L'hydroélectricité, dont la production a augmenté de 8,4% par rapport à 2019 grâce à un stock élevé dès le début de l'année, reste de loin la principale filière renouvelable productrice d'électricité en France.

Émissions de CO_2 et exportations

Les émissions de CO_2 du secteur électrique français ont diminué d'environ 9% en 2020 par rapport à 2019, grâce au fort recul de la production thermique à combustible fossile. Elles constituent « *seulement 5% des émissions totales de CO_2 en France* ».
La France est restée en 2020 « *le pays le plus exportateur d'électricité en Europe* » (77,8 TWh d'exportations, 34,6 TWh d'importations) malgré un recul de 7% de ses exportations.

L'INDUSTRIE NUCLÉAIRE FRANÇAISE

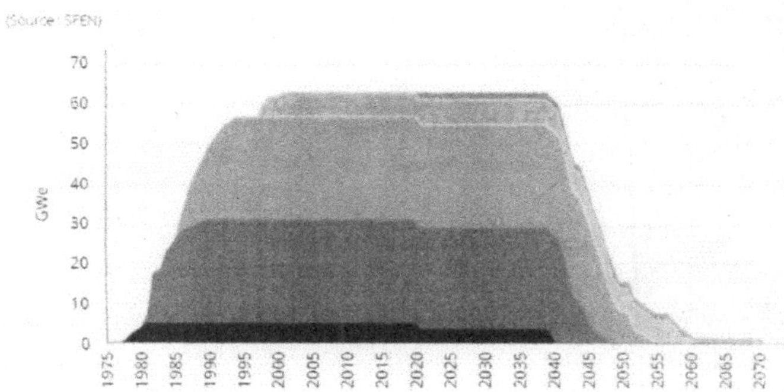

Cette industrie comprend quelque 220 000 salariés, la plupart hautement qualifiés, soit 7% de l'emploi industriel :

- Les réacteurs : construits et exploités par EDF. Comme ils ont été construits en un court laps de temps et qu'ils vieillissent tous au même rythme, ces réacteurs devraient, si n'étaient à prendre en considération que la sûreté et l'économie, être remplacés en un laps de temps également court. Ce qui conduit à devoir lisser la courbe en fermant des réacteurs avant leur fin de vie économique. C'est l'*effet falaise,* illustré ci-dessous pour une durée de vie de 60 ans.
- Le constructeur de la chaudière nucléaire : Framatome – puis AREVA NP – aujourd'hui de nouveau Framatome, devenu filiale d'EDF en 2018.
- Les installations du reste du cycle : enrichissement à Tricastin, retraitement et fabrication de combustible MOX à La Hague, vitrification des déchets de Haute Activité à Marcoule, etc., regroupées au sein d'ORANO.
- Quant au minerai d'uranium, dont l'exploitation en France a cessé d'être rentable, les sociétés françaises COGEMA, AREVA et maintenant ORANO assurent la maîtrise de son approvisionnement par l'acquisition de participations dans la propriété et l'exploitation de gisements dans différents pays étrangers.
- Le CEA, devenu CEAEA (Commissariat à l'énergie atomique et aux énergies alternatives). Important programme de R&D, notamment et, jusqu'à ces derniers temps, sur la surgénération.
- L'ANDRA : stockage des déchets.
- 2300 sous-traitants, une filière structurée autour du GIFEN.
- L'acheminement de l'électricité dans la métropole : le transport THT (Très Haute Tension) avec RTE (50,1% EDF), réseau adapté au parc actuel, Enedis (100% EDF) pour la distribution et quelques ELD (entreprises locales de distribution). RTE est également chargé de veiller à la sécurité de l'approvisionnement du pays en électricité comme on le verra par la suite.
- Une industrie par ailleurs très présente à l'exportation.

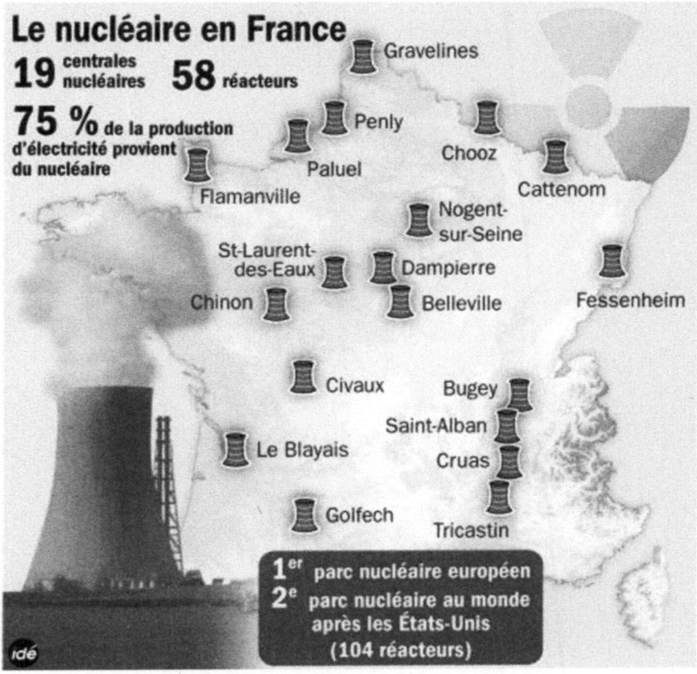

Implantation des réacteurs du parc avant l'abandon de Fessenheim

CHAPITRE 3
LES SOURCES DE PRODUCTION D'ÉLECTRICITÉ

LE NUCLÉAIRE

La distinction entre danger et risque maîtrisé

Le danger

La dangerosité spécifique à l'énergie nucléaire tient à ce que la fission des noyaux d'uranium engendre des produits de fission (PF) qui sont instables et donc très radioactifs et le restent pendant des durées variables qui peuvent aller jusqu'à des dizaines de milliers d'années. Dans la cuve de réacteurs, les produits de fission continuent à dégager de la chaleur pouvant conduire à la fusion du cœur dès après l'arrêt du réacteur si des mesures adéquates ne sont pas prises pour le refroidir. Il est alors essentiel de distinguer danger et risque pour l'homme ; c'est tout l'enjeu de la sûreté.

Le risque et sa maîtrise

Le risque, ce sont les conséquences du danger sur la biosphère, à commencer sur la santé humaine.
Ainsi, entre les déchets à haute activité (produits de fission – PF – et actinides mineurs) destinés à être enfouis à 500 mètres de profondeur (projet Cigéo) et l'homme, on trouve de nombreux écrans, successivement la matrice de verre qui enrobe produits de fission et actinides mineurs, le métal du conteneur qui entoure les blocs de verre et qui forme les colis, la formation géologique dans laquelle sont stockés les colis... autant de barrières qui protègent la biosphère (voir annexe 9).
Le même type de raisonnement vaut pour le réacteur : les pastilles de combustible sont insérées dans une gaine en alliage de zirconium, le zircaloy, première barrière. Ces gaines sont confinées dans une cuve en acier, deuxième barrière ; cette cuve se trouve dans une enceinte en béton, dite enceinte de confinement, troisième barrière (voir annexe 5).

Radioactivité et santé publique (voir annexe 7)

Nous baignons dans la radioactivité naturelle. L'impact du rayonnement sur la matière vivante est exprimé en *sievert* et *mSv* (millisievert) ; il est de 2,5 mSv/an en moyenne en France (6 mSv/an du côté de La Bourboule dans le Massif central). En Inde, dans l'État du Kerala, la dose moyenne reçue par les habitants est de 72 mSv par an, sans qu'on ait observé une augmentation du taux de cancer.

Les réglementations

Le CIPR (Comité international pour la protection contre les rayonnements ionisants) recommande que, pour le grand public, la dose maximale reçue due aux activités du nucléaire civil ne dépasse pas 1 mSv/an. Cette dose maximale est de 20 mSv/an pour les travailleurs de l'industrie nucléaire, ceux du secteur médical[6] et les navigants de l'aviation, qui font l'objet d'un suivi médical sous la responsabilité de l'employeur, contrôlé par l'inspecteur du travail.
Chaque centrale surveille ses rejets et les résultats sont publics.

L'Autorité de sûreté[7] nucléaire (ASN) et l'Institut de recherche et de sûreté nucléaire (IRSN)

Créée par la loi TSN de 2006 sur la transparence et la sécurité en matière nucléaire en tant qu'autorité indépendante, l'ASN assure, au nom de l'État, le contrôle de la sûreté nucléaire. Elle a pris la suite de la Direction de la Sûreté des installations nucléaires qui était un service de l'État.
Elle est dirigée par un collège de cinq commissaires tandis que les services sont dirigés par un directeur général. Elle compte 444 agents et peut s'appuyer sur l'expertise de l'IRSN – 1777 agents fin 2019 –, rendu indépendant du CEA en 2001.

---

6. Dose souvent dépassée lors de scanners.
7. À distinguer de « sécurité » qui se réfère aux actes de malveillance.

C'est l'ASN qui instruit la procédure qui conduit au décret autorisant la création d'une Installation nucléaire de base (INB) et celle conduisant à toutes les modifications subséquentes.

Contrairement à une opinion largement répandue, ce décret ne fixe pas de date limite de validité à une INB. En revanche, les réacteurs sont soumis tous les dix ans à une visite décennale (VD), aujourd'hui la VD4 pour les premiers REP ; son objectif est de valider leur exploitation de 40 à 50 ans. Après plusieurs années de préparation, ces visites et les chantiers de maintenance lourde associés durent six mois, à l'issue desquels l'ASN peut notifier à l'exploitant des travaux supplémentaires à réaliser avant redémarrage ; quant à EDF, ou bien il réalise ces travaux ou bien il refuse, auquel cas il devra fermer le réacteur. Le 23 février 2021, l'ASN validait la partie générique d'un allongement à 50 ans de la durée de vie des 32 réacteurs de 900 MW en activité. Notons que l'ASN peut à tout moment exiger la fermeture d'une INB[8].

La défense en profondeur et les barrières qui isolent les produits de fission, le retour d'expérience et la culture de sûreté, l'existence de groupes permanents d'experts – auxquels sont souvent associés des opposants à l'énergie nucléaire – font partie des fondements sur lesquels est bâtie la sûreté des réacteurs nucléaires construits et exploités en France.

L'annexe 8 est consacrée à une description des institutions qui garantissent la sûreté des installations nucléaires.

Le retour d'expérience des grands accidents[9]

28 mars 1979 : Three Mile Island (TMI)

La centrale est située en Pennsylvanie ; elle comprend deux réacteurs à eau pressurisée de 800 et 900 MWe. Le 28 mars à 4h du matin, de petits

8. Heureusement, les acteurs se concertent en amont pour éviter d'en arriver là.
9. Les principaux incidents qu'a connus le parc actuellement en fonctionnement sont traités dans l'annexe 8.

incidents provoquent l'arrêt des pompes qui alimentent en eau les générateurs de vapeur de TMI 2 qui fonctionnent alors à pleine puissance. C'est une panne qui n'a rien de catastrophique et les procédures de sûreté se mettent en route : arrêt d'urgence et ouverture programmée d'une soupape de décharge du pressuriseur. Défaillance technique : la soupape ne se referme pas. Alors que le réacteur perd son eau, les opérateurs pensent au contraire que les systèmes d'injection de sûreté rajoutent trop d'eau et ils les désactivent. C'est ainsi qu'un incident banal s'est transformé en un accident sérieux.
Les dégâts matériels sont considérables. Le tiers du combustible a fondu. Plus de 2000 m^3 d'eau contaminée se sont répandus dans le bâtiment réacteur. L'enceinte de confinement – la troisième barrière – a joué son rôle : toute la radioactivité est restée contenue à l'intérieur du bâtiment réacteur. Aucune conséquence humaine ou environnementale. Cet accident a conduit à des modifications sur tous les réacteurs en service, notamment sur la conception des soupapes en question et sur l'évaluation de l'état du réacteur par les équipes de conduite.

28 avril 1986 : Tchernobyl

La centrale est située au nord de Kiev, capitale de l'Ukraine qui faisait alors partie de l'Union soviétique. Le concept – RBMK – est très différent de celui des réacteurs à eau ordinaire de type occidental dans lequel l'eau sert à la fois de modérateur et de caloporteur[10]. Ici, c'est le graphite qui ralentit/modère les neutrons et l'eau qui sert de caloporteur. Si l'eau est perdue, les neutrons sont toujours ralentis et la réaction s'emballe ; on parle alors de *coefficient de vidange positif*. D'où risque d'une *excursion de puissance*. Dans un PWR/REP, ce risque n'existe pas puisque le coefficient de réactivité est négatif : quand la température de l'eau augmente, la réactivité diminue et le réacteur s'étouffe.

10. Voir annexe 5 pour un rappel des principes de fonctionnement des réacteurs.

L'accident de Tchernobyl – l'explosion du réacteur, le plus grave de l'histoire nucléaire – a été classé au niveau 7 de l'échelle INES (Échelle internationale des événements nucléaires), son niveau maximum (voir annexe 8).

Conséquences sanitaires : on distingue 1) *les « pompiers »* ; ce sont ceux qui se sont précipités pour éteindre les feux, avec pour conséquence une cinquantaine de victimes immédiates, 2) *les « liquidateurs »* ; des dizaines de milliers venus de tout le pays, chacun pour une courte intervention (moins de 50 mSv) ; il est difficile de conclure du fait des déficiences du système de suivi ; 3) *la « population »*, de l'ordre de 3500 victimes essentiellement par cancer de la thyroïde (source : UNSCEAR[11]). Les antinucléaires font état de plusieurs centaines de milliers de victimes par application d'une méthodologie – la relation linéaire sans seuil – dont la validité est contredite par la biologie moléculaire. Voir annexe 4 pour plus de détail.

11 mars 2011 : Fukushima

En 1885, le site avait subi une vague de 20 mètres de haut, parfaitement répertoriée et de ce fait bien connue des constructeurs, des exploitants et des autorités de sûreté.

La digue de protection des trois réacteurs de la centrale de Fukushima (FKS) ne faisait pourtant que 6 mètres environ de hauteur alors que la vague du tsunami de 2011 a atteint 14 mètres ; celle-ci a tout noyé, endommageant la station de pompage d'eau de refroidissement et privant ainsi la centrale de ses sources électriques de secours. Le réseau électrique ayant été détruit par le séisme, la fusion des 3 cœurs en fonctionnement était inéluctable.

Les réacteurs de la centrale n'avaient ni recombineurs d'hydrogène (produit par réaction de l'eau avec le cœur en fusion) ni filtres à sable pour retenir les aérosols de césium, notamment dans les évents

11. United Nations Scientific Committee on the Effects of Atomic Radiations (voir annexe 1).

de l'enceinte de confinement. À titre de comparaison, les tranches françaises sont équipées de recombineurs et de filtres destinés à capter les particules radioactives entraînées lors d'éventuelles émissions accidentelles de gaz radioactifs dans l'atmosphère.

Le tsunami est à l'origine de quelque 20 000 victimes par chutes et noyades. L'accident de la centrale n'a occasionné aucune victime due à la radioactivité. Quant aux dispositifs conçus pour résister aux tremblements de terre, ils ont parfaitement tenu pendant les 50 minutes qui ont séparé le tremblement de terre de l'arrivée de la vague.

Les déchets et le démantèlement

C'est le point de fixation actuel des opposants au nucléaire. Leur principale exigence consiste à exiger le risque zéro, alors qu'ils ne le demandent pas pour la gestion des déchets de l'industrie chimique ou encore pour le stockage souterrain du CO_2. Or il est impossible de démontrer que quelque chose – ici un risque – n'existe pas ; Aristote l'avait déjà dit il y a plus de 2000 ans.

L'annexe 9 est consacrée à la gestion des déchets et au démantèlement.

L'ANDRA : Agence nationale pour la gestion des déchets radioactifs

Créée par la loi de 2006, cette agence indépendante est responsable de la gestion des déchets radioactifs. On distingue :

- Les déchets de haute activité et/ou à vie longue (HAVL)
  Le projet CIGEO à Bure. Objectif : *stockage dans un horizon géologique* – une formation épaisse et compacte d'argilites, stable depuis plus de 150 millions d'années. La solution consistant à enfouir ce type de déchets a été adoptée par de nombreux pays ; en Finlande, la construction d'un stockage dans du granite est bien avancée. Il est donc faux de prétendre qu'aucun pays n'a trouvé de solution pour les HAVL.
- Les déchets de très faible activité et à vie courte sont stockés en surface de façon définitive.

La France est l'un des seuls pays à ne pas avoir défini de seuil inférieur de radioactivité en dessous duquel un déchet n'est pas considéré comme radioactif.

L'établissement d'un tel seuil est aujourd'hui en cours de discussion, mais les ONG y sont opposées de par le risque d'erreurs de « *répertoriation* ».

- Les déchets de moyenne activité et à vie courte sont également stockés en surface de façon définitive sous la responsabilité de l'ANDRA.

Le débat citoyen sur la gestion des déchets

Le troisième du genre a eu lieu en 2019, après ceux qui avaient précédé la loi Bataille de 1991 et la loi Biraux-Bataille de 2006. La réunion de synthèse s'est tenue le 25 septembre 2020 à Paris avec la participation d'ONG, pour la plupart opposées au nucléaire.

Le démantèlement

La loi exige que les exploitants nucléaires évaluent les charges de démantèlement de leurs installations ainsi que celles de gestion de leurs combustibles usés et déchets radioactifs. Dans le même temps, ils doivent constituer les provisions correspondant à ces charges. La loi a également créé une Commission nationale d'évaluation du financement des charges de démantèlement des INB, de la gestion des combustibles usés (CU) et des déchets radioactifs. Ses rapports triennaux sont soumis à l'avis de l'ASN.

La stratégie adoptée en France est celle du démantèlement dès que possible.

Là aussi, il est faux de prétendre qu'il y a un problème dont la solution sera beaucoup plus coûteuse que l'affirment les avocats du nucléaire. Aux États-Unis, le PWR 900 de Maine Yankee – semblable aux REP de Bugey – a été démantelé en 8 ans (de 1997 à 2005) pour un coût total compris entre 495 et 508 millions de dollars.

Avantages et autres caractéristiques du nucléaire civil

Le coût du nucléaire

De nombreux chiffres circulent. Il convient de distinguer :

- Dans un rapport de 2014, la Cour des comptes (CDC) évaluait à 36 € le coût comptable du MWh fourni par les tranches en exploitation et à 55 € le coût complet qui inclut les provisions pour le renouvellement des installations.
- En 2017, la SFEN (Société française de l'énergie nucléaire), se basant sur l'évaluation de la Cour des comptes qu'elle corrigeait pour tenir compte des dernières informations disponibles évaluait le « coût cash » du parc actuel – c'est-à-dire les sommes à débourser divisées par le nombre de kWh restant à produire – du parc actuel à 33 €/MWh.
- Démantèlement et stockage : respectivement provisionnés par EDF à hauteur de 19,6 et 29 milliards € (CDC). Les provisions augmentent chaque année ; 0,3 c€/kWh sont prélevés sur nos factures à cet effet. Elles sont couvertes par des actifs dédiés. Des chiffres encore controversés, la controverse portant sur la suffisance des provisions.
- Le grand carénage est estimé à 50 milliards € à dépenser entre 2014 et 2025. Il s'agit là du coût des investissements destinés à améliorer encore la sûreté, suite notamment aux enseignements tirés de Fukushima, et à permettre la poursuite de l'exploitation au-delà de 40 ou 50 ans selon les réacteurs tout en s'assurant qu'une éventuelle fusion du cœur soit sans conséquence à l'extérieur du réacteur comme pour l'EPR. Ils sont intégrés dans le « coût cash ». Une somme qui peut paraître considérable, mais qu'il convient de relativiser au regard du nombre de kWh à produire.
- Une énergie qui permet aux ménages français d'avoir accès à une électricité qui est parmi les moins chères d'Europe. En Allemagne elle est, pour les ménages, 80% plus chère (voir annexe 4).

Autres avantages

- Une énergie qui procure des emplois pérennes en France, plus de 200 000, la plupart hautement qualifiés.

- Une énergie qui assure l'indépendance énergétique du pays. Technologie entièrement maîtrisée par des acteurs français. Importation d'uranium : entre 500 et 800 millions €/an. À comparer avec les 20 à 25 milliards €/an d'achats de gaz qu'il faudrait importer pour fournir la même quantité d'électricité. Les stocks correspondent à 8 années de consommation, 16 si on retraite l'uranium appauvri. En comparaison, les stocks d'hydrocarbures couvrent de 6 mois à un an de consommation.
- Les autres sources d'énergie impliquent des fragilités géostratégiques : notamment le gaz, qu'il s'agisse d'une dépendance à la Russie, au Qatar et aux États-Unis, notamment, tandis que s'épuisent les sources européennes.
- Une balance commerciale positive de 2,8 milliards € pour l'électricité en 2020.
- Une électricité qui émet très peu de CO_2. Dans un rapport de 2018, le GIEC souligne que le nucléaire rejette, en bilan global – c'est-à-dire incluant la phase de construction – la même quantité de CO_2 par kilowattheure que les énergies renouvelables, entre 10 et 50 grammes de CO_2 par kWh[12]. C'est un bilan carbone bien meilleur que celui du charbon (820 g) et du gaz (490 g).
- Une filière (REP) qui, de par le monde, bénéficie de l'expérience de 5000 « années réacteur » de fonctionnement sans accident mortel dû à la radioactivité, dont 2000 en France.
- Une électricité qui peut varier rapidement en puissance pour pallier les variations de la demande et aujourd'hui, de plus en plus, les conséquences de l'intermittence. Elle est dite « pilotable ».

Trois contraintes majeures

C'est une énergie capitalistique qui implique *une planification à long terme* : dix ans au moins entre la décision de construire un réacteur

12. Ce sont là des ordres de grandeur. Ce qui est suffisant pour notre propos.

et sa mise en service industrielle, puis des décennies de fonctionnement. D'où l'importance du coût de l'argent : comme nous l'apprend J. M. Jancovici[13], si l'électricien peut faire financer un réacteur valant 8,2 milliards à 2%, durant 60 ans il produira de l'électricité en base pour 43 € le MWh, dont 24 pour le remboursement de l'investissement initial. Ces 24 € se décomposent en 16 € versés au constructeur de la centrale et 8 € d'intérêts et dividendes payés au banquier et à l'actionnaire. Mais si ce taux passe à 8%, alors le MWh passe à 100 €. Comme la facture du constructeur ne change pas, cela signifie qu'intérêts et dividendes vont représenter 64 €/MWh.

Une autre contrainte tient à l'« *effet falaise* » mis en évidence sur la figure de la page 21 pour une durée de vie limitée à 60 ans.

La troisième contrainte tient à l'*effet d'éviction* à savoir que, comme on l'expliquera plus loin, le nucléaire doit s'effacer pour faire de la place aux sources intermittentes lorsqu'elles produisent. Ce qui ne manque pas de se traduire sur les recettes des actifs nucléaires existants et dégrade le bilan économique prévisible d'un nucléaire futur.

On reviendra plus loin sur l'EPR, un réacteur dit de génération III.

Des atouts qui, malgré les contraintes, prennent tout leur sens si on les compare aux coûts/avantages des autres sources d'électricité, aujourd'hui principalement les électricités renouvelables intermittentes.

LES ÉNERGIES RENOUVELABLES ÉLECTRIQUES

Nous traitons ici du cas de la métropole, c'est-à-dire d'un territoire déjà largement pourvu de sources pilotables, à savoir l'hydraulique de haute montagne et d'éclusée, le nucléaire et les cycles combinés au gaz. Le contexte est évidemment totalement différent en Outremer

13. *Dormez tranquilles jusqu'en 2100,* éditions Odile Jacob, 2016.

et en Corse qui ne disposent pas d'un socle de sources pilotables bas carbone, comme c'est le cas de la métropole avec le nucléaire.

La distinction entre ENR « pilotables » et ENR « intermittentes »

- L'hydraulique qui est une énergie renouvelable qui, en majorité, est pilotable – sur les court et moyen termes –, mais dont les perspectives de développement sont, sur le territoire métropolitain, limitées. La contribution de l'hydraulique à la stabilité du système dépend du taux de remplissage des réservoirs, lui-même variable d'une année sur l'autre.
- Pour mémoire, la production d'électrique à partir de méthane « vert », par exemple par méthanisation des déchets organiques ou de biomasse, etc.

Les sources intermittentes et les modalités de leur soutien

Éolien et solaire présentent deux avantages : 1) ils sont déployables un peu partout (sous réserve de l'acceptabilité locale de ces implantations, tant pour les implantations terrestres que, plus récemment, maritimes) et 2) vent et soleil ne coûtent rien. En revanche, ils ne sont pas forcément disponibles quand le consommateur en a besoin et, de ce fait, font l'objet de mesures de soutien spécifiques, soit directes (subventions) soit indirectes (prise en charge du *back-up* – c'est-à-dire du coût des sources pilotables qui doivent se tenir prêtes à pallier l'absence de vent ou de soleil – par la collectivité).
Le soutien direct aux sources intermittentes a deux composantes : 1) la priorité d'accès au réseau et 2) des prix garantis par l'État avec obligation d'achat par EDF. Ce dispositif a été récemment réformé pour les grosses installations : le nouveau dispositif consiste en des contrats – compléments de rémunération – qui s'ajoutent aux prix des marchés horaires, ce qui équivaut à une garantie de ressources ; ces contrats sont attribués par des appels d'offres ouverts pour une capacité donnée.

Éolien terrestre : le facteur de charge[14] (FC) est de 23%.
Sur le réseau interconnecté européen, la puissance garantie de l'éolien – celle qui compte pour la sécurité d'approvisionnement – est de l'ordre de quelques pourcents seulement.

Éolien en mer (off-shore) : il n'y a encore aucune donnée concernant la France puisqu'aucun parc n'est en exploitation. Son FC est de 34% en Allemagne, pays qui connaît un ambitieux déploiement d'éolien off-shore. Probablement plus dans l'off-shore de la mer du Nord ou de la mer d'Irlande.

Solaire : le FC est 10-15% suivant la localisation avec une moyenne de 13%.

L'obligation d'achat

L'éolien terrestre

En juin 2019 le gouvernement approuvait, après appel d'offres, la construction de 516 MW à un prix moyen de 63 €/MWh.
Mais les parcs de moins de sept mâts bénéficient d'un prix garanti de 72 €/MWh. Cela explique que la majorité des éoliennes aujourd'hui implantées le soient dans des parcs de moins de sept mâts, le même promoteur pouvant construire plusieurs parcs ! En Allemagne, le dernier appel d'offres (juin 2021) s'est conclu à 60 €/MWh.

L'éolien marin posé

Le projet de Dunkerque nord a été attribué à EDF pour 45 €/MWh. Ce chiffre ne comprend pas le coût du raccordement au réseau national et traduit la faible profondeur des eaux en cet endroit. Malheureusement, les côtes françaises sont, pour la plupart,

14. Le facteur de charge d'un équipement de production est le rapport entre l'énergie effectivement produite pendant une période donnée – généralement l'année – et ce qu'il aurait produit s'il avait fonctionné à pleine puissance pendant la même période.

beaucoup moins favorables à l'implantation d'éoliennes que la mer du Nord.
Les trois projets de Saint-Nazaire, Fécamp et Courseulles-sur-mer: trois champs initialement attribués à 200 €/MWh, puis renégociés à 130 €/MWh après la décision de faire financer le raccordement au réseau par RTE.

L'éolien flottant
Quatre projets, validés par la Commission européenne, à 240 €/MWh.

Le solaire
Grandes installations au sol: 52 €/MWh pour les derniers appels d'offres, mais avec des perspectives de développement limitées par la disponibilité des sols. PV en toiture: de 185 €/MWh à 105 €/MWh selon la surface à couvrir. Le productible est en été quatre fois ce qu'il est en hiver, période de forte demande; ce qui contribue pour une bonne part au besoin de stockage intersaisonnier.
Quel peut être le coût de ces dispositifs? Dans une délibération de juillet 2020, la CRE prévoit pour l'année 2021 et en métropole un coût de 2901 millions € pour le solaire et de 1723 millions € pour l'éolien. Soit un total de 4624 millions € qui représente la différence entre le coût d'achat et le prix de marché; il faudra y ajouter, lorsqu'il sera opérationnel, l'éolien en mer. Ce montant, qui pèse sur le coût de l'électricité pour les ménages, correspond à 7,9% et 2,5% respectivement de la production globale d'électricité. Une simple règle de trois montre que, si ces sources atteignaient 40% de la production, ce coût serait de l'ordre de 18 milliards €/an au lieu de 4,6 en 2021. Sans compter 500 millions € au moins pour le réseau de transport, car éolien et solaire sont dispersés sur le territoire.
La récente augmentation des prix de marché – entre 60 et 100 €/MWh ces derniers mois contre entre 20 et 50 à la même période de 2020 – va bouleverser ces calculs si elle perdure.

Les ENR électriques et l'emploi

Parmi les avantages des moyens de production d'électricité intermittente, ses avocats citent souvent la création d'emplois.

Le solaire

Les panneaux photovoltaïques sont importés de Chine. L'industrie chinoise a causé la ruine de l'industrie européenne entre 2012 et 2017. La Commission européenne a tenté en 2013 de mettre en place des droits de douane ; ils ont été levés en septembre 2018 lorsqu'on s'est aperçu qu'il n'y avait plus assez de producteurs européens à défendre. L'industrie française solaire est aujourd'hui composée surtout de simples installateurs utilisant du matériel étranger. Le dernier producteur de cellules, Photowatt, a arrêté sa production. L'apport technique est très limité et la dépendance vis-à-vis de l'extérieur quasi totale.

Quant à *l'éolien terrestre,* comme pour le solaire, l'industrie française est composée essentiellement de simples installateurs achetant à l'étranger 90% des matériels.

Pour *l'éolien marin,* les premiers appels d'offres imposaient pratiquement l'implantation des usines d'assemblage en France. L'apport de General Electric est réel, mais limité.

Le coût complet des sources intermittentes pour la société

Le soutien public (l'obligation d'achat) auquel s'est engagé l'État pour les contrats signés avant fin 2017 au bénéfice des producteurs d'électricité d'origine éolienne et solaire atteint 121 milliards d'euros, selon la Cour des comptes dans un rapport daté de 2018. Des mécanismes de soutien dont, précisent les auteurs, les conséquences financières ont été mal appréciées.

Mais le coût complet pour la société du déploiement des sources d'électricité intermittente va très au-delà du coût de l'obligation d'achat pour l'État.

Les ENR intermittentes coûtent, en fait, beaucoup plus cher à la société que ces quelque 121 Mds que l'on vient d'évoquer. Plusieurs autres coûts devraient être pris en considération et être, dans la mesure du possible, chiffrés.

Le premier tient à la déstabilisation du marché de l'électricité ; un coût difficile à quantifier mais non moins réel si on en juge par les dysfonctionnements auxquels elle conduit :

- Les prix de marchés électriques horaires (qui sont spécifiques de ce produit non stockable qu'est l'électricité) ont cessé de fonctionner comme des signaux à l'attention des investisseurs.
- Les prix peuvent même devenir négatifs lorsque la somme des productions d'ENRi (fatales) et des pilotables – qui préfèrent continuer à produire en prévision de futurs besoins à brève échéance – dépasse la consommation, pénalisant le nucléaire tandis que les prix d'achat des ENRi restent garantis.
- La perte de valeur du nucléaire – et donc sa rentabilité – qui doit faire de la place aux ENRi qui ont priorité pour l'insertion dans le réseau. Perte estimée par Percebois et Pommeret à 2,9 Mds € pour 2015[15]. C'est *l'effet d'éviction.*
- Autre exemple de cet effet d'éviction : le 30 mai 2021, le nucléaire est passé de 37 GW à 9h15 à 28 GW à 16h15, tandis que le prix du marché passait de + 32 à - 17 €/MWh.

D'autres sérieux inconvénients doivent être cités :

- Le maintien en état de fonctionnement, voire l'augmentation de moyens de production permettant de pallier l'intermittence (périodes d'absence de vent et de soleil). C'est le « *back up* ».
- Les nouveaux défis que doivent relever les gestionnaires de réseaux pour en assurer la stabilité. On sait déjà que les difficultés croissent plus vite que le pourcentage d'ENR injecté dans le réseau.

---

15. Un chiffre déjà conséquent, mais qui portait sur une année où les ENRI sortaient tout juste de l'épaisseur du trait. Étude Creden : *Coût complet lié à l'injection d'électricité renouvelable,* 2016.

- Parer les risques en matière de cybersécurité, lorsque l'on passe d'une production par un petit nombre de productions importantes à un très grand nombre de productions de petite taille et de puissances très variables dans le temps comme dans l'espace.
- Le besoin de différents types de stockage : batteries pour le stockage court terme ; Power to Gas to Power (P2G2P) pour le stockage de masse saisonnier, de l'été vers l'hiver (avec un rendement aujourd'hui inférieur à 30% et l'absence d'une référence industrielle qui ne fait qu'ajouter à l'incertitude), STEP, effacements (qu'il faut rémunérer).
- Le coût du démantèlement, notamment celui du socle de béton dans lequel l'éolienne est ancrée. Les provisions prévues à cet effet sont notoirement insuffisantes.
- La perte de valeur des habitations situées à proximité d'un parc éolien. Ce n'est pas là une spécificité de l'éolien, mais sa faible densité ne fait que rendre plus sensible le dommage.
- L'approvisionnement de l'éolien en terres rares pour les aimants, ce qui implique une dépendance accrue à la Chine malgré les efforts de l'Union européenne pour en minimiser les effets.
- Le manque de surfaces disponibles pour le solaire au sol.
- L'atteinte aux paysages ; pour les promoteurs de l'éolien, c'est un peu comme si le paysage ne faisait pas partie de l'environnement.
- On pourrait ajouter l'impact sur le budget dû à ce que l'autoproducteur d'électricité solaire est exonéré de l'IRPP pour le revenu qu'il tire de la vente de ses excédents, quand il en a.

On notera que les budgets consacrés en France au déploiement du solaire seraient – du point de vue de la lutte contre le changement climatique – beaucoup plus utilement dépensés dans les pays pauvres où l'ensoleillement est le double de ce qu'il est en France et régulier tout au long de l'année, tels ceux du Sahel.

Les ENRi sont l'objet d'un lobby d'autant plus actif qu'elles sont l'occasion de bénéfices importants pour les promoteurs, les producteurs, les collectivités locales, les propriétaires des terrains sur lesquels seront implantées les éoliennes[16].

La comparaison nucléaire versus intermittentes

Comment choisir entre ces deux sources d'électricité que sont, d'une part, le nucléaire et, de l'autre, l'éolien et le solaire ?

D'aucuns proposent la méthode dite LCOE : Levelised Cost Of Energy. Soit, en français, le « coût actualisé de l'énergie ». Il correspond, pour une installation de production d'énergie donnée, à la somme des coûts actualisés de production d'énergie divisée par la quantité d'énergie produite, elle aussi actualisée. Il s'exprime typiquement en c€/kWh. En fait, comme nous venons de le montrer, le LCOE méconnaît les coûts externes de tous ordres imposés par les sources intermittentes d'électricité et, par conséquent, ne devrait pas être utilisé pour comparer nucléaire et sources intermittentes. Il est pourtant largement utilisé pour démontrer l'intérêt des sources intermittentes.

Un coup d'œil du côté de l'Allemagne

La loi française ayant fixé pour 2035 des objectifs d'ENRi du même ordre de grandeur que celui atteint aujourd'hui en Allemagne il n'est pas inutile de regarder la situation outre-Rhin. Ce pays fermera son dernier réacteur nucléaire en 2022 et a décidé de fermer ses centrales à charbon/lignite d'ici 2038. Voir annexe 4.

Nous retiendrons ici deux idées :

- Dans une étude récente de l'Université de Düsseldorf (2017), le Professeur Haucap estimait que l'*Energiewende* (Tournant énergétique) « *aura coûté 520 milliards € d'ici 2025.* » Chiffre contesté par le gouvernement allemand, mais sans que celui-ci ne propose une autre évaluation. Chiffre cohérent avec les 1000 milliards d'ici 2050,

16. Pour en savoir plus, notamment sur les bénéficiaires des subventions à l'éolien : *Éoliennes : la farce noire de la transition écologique*, Fabien Rougé, éditions du Rocher, 2020. Ou *La peste éolienne*, Patrice Cahart, éditions Hugo publishing, 2021.

chiffre avancé il y a quelques années par Peter Altmaier – alors ministre fédéral de l'Environnement et depuis ministre fédéral de l'Économie et de l'Énergie – d'ici 2050.

- En 2019, les renouvelables intermittentes y ont représenté 35% de l'électricité produite dans l'année. Mais, dans le même temps, le facteur d'utilisation des centrales pilotables n'était que de 50%. Leur facteur de charge devrait continuer à baisser dans la mesure où l'Allemagne va continuer à installer des renouvelables. Ce qui pose la question du financement des nouveaux moyens pilotables rendus nécessaires par l'abandon du nucléaire et du charbon, question qui, à la mi-2021, n'est toujours pas, réglée.

Il n'y a pas de raison pour que La France échappe à la même problématique lorsqu'il s'agira de savoir comment financer le remplacement du parc actuel.

CHAPITRE 4

HISTORIQUE DU NUCLÉAIRE DEPUIS 1981

1981 : Peu après son élection, le président François Mitterrand abandonne le référendum sur le nucléaire promis pendant la campagne électorale. De son côté, M. Boiteux, directeur général d'EDF, abandonne la prospection du site de Plogoff situé à l'extrémité de la Bretagne. Ce site était devenu un point de fixation de la contestation antinucléaire. De ce fait, la péninsule bretonne est aujourd'hui largement déficitaire en électricité. Siemens y construit une centrale à gaz méthane fossile avec une subvention à Total Direct Energie.

1991 : Première loi sur les déchets radioactifs (loi Bataille) qui engage une période de recherche, de débats publics et de réflexion qui dure encore aujourd'hui.

1997 : Lionel Jospin, Premier ministre, et Dominique Voynet, ministre de l'Écologie, décident d'arrêter Superphénix, cela sans consultation du Parlement. Jacques Chirac est alors président de la République.

1999 : Nomination d'Anne Lauvergon à la tête de la COGEMA – qui deviendra Areva en 2006. Mandat non renouvelé en 2011.

2001 : Loi rendant l'IRSN indépendante du CEA.

2005 : Loi POPE (Programmation et orientation de la politique énergétique). Votée après un débat public, cette loi prévoit la construction d'un EPR de démonstration.

2006 : Loi sur les déchets radioactifs (loi Birraux-Bataille) au terme fixé dans la loi de 1991. Création d'une autorité de sûreté indépendante (ASN).

Toujours en 2006, le gouvernement charge le CEA de mettre en œuvre un nouveau prototype de RNR, dans la suite de Phénix et Superphénix ; ce sera le projet Astrid.

2010 : Loi NOME sur l'organisation du marché de l'électricité pour permettre une ouverture effective du marché. Cette loi impose à EDF de mettre à la disposition de la concurrence un quart de la production nucléaire à un prix défini par arrêté, dit ARENH (Accès régulé à l'électricité nucléaire historique).

Septembre 2011 : À La Rochelle, lors de la convention du Parti socialiste chargée de désigner le candidat du Parti socialiste à l'élection présidentielle de 2012, François Hollande déclare : « *Les Allemands vont se priver en 11 ans de 20 GW de nucléaire ; il n'y a pas de raison que nous n'arrivions pas à faire de même entre 2012 et 2025.* » En février 2012, le PS et les Verts s'accordent sur la réduction à 50% de la part du nucléaire dans le mix électrique du pays à horizon 2025.

LA LOI SUR LA TRANSITION ÉNERGÉTIQUE ET LA CROISSANCE VERTE (LTECV) DE 2015

Son contexte : émergence de nouvelles technologies, P2G-G2P[17] (Power to Gas-Gas to Power), CCS (Carbon Capture and Séquestration), batteries, smart grids, méthanisation des déchets organiques, etc., chacune plus séduisante que les autres comme nous l'avons rappelé dans l'avant-propos. D'où la tentation de faire *comme si* ces technologies étaient sur le point d'accéder rapidement à la maturité, c'est-à-dire : rentabilité, fiabilité, acceptabilité par la population.

La décision la plus emblématique est celle du passage de 75 à 50% du nucléaire dans le mix électrique d'ici 2025. Une autre décision structurante du parc est celle du **plafonnement du parc nucléaire** à son niveau 2015, soit **63,3 GW**. L'abandon de Fessenheim est alors lié à la mise en service industrielle de l'EPR de Flamanville ; ce qui sera volontairement *oublié* lors de la décision de fermer Fessenheim en 2020.

LE NUCLÉAIRE À 50% DU MIX ÉLECTRIQUE

Cette disposition de la loi n'a jamais été justifiée, si ce n'est par des formules du genre « *ne pas mettre tous ses œufs dans le même panier* ». En fait, les œufs

17. À vrai dire, il ne s'agit pas d'une idée nouvelle ; c'est son introduction dans le débat actuel qui est nouvelle.

(réacteurs) ne sont pas dans un *seul panier*. Ils appartiennent à différents *paliers*. Ils n'ont pas été *pondus* à la même date, font appel à des fournisseurs qui, le plus souvent, mettent en œuvre des technologies différentes.

Le « *risque systémique de mode commun* » est souvent évoqué à l'appui d'un abandon du nucléaire. On entend par là la découverte d'un défaut majeur de conception d'un réacteur qui se serait révélé postérieurement à sa mise en service et amènerait à conclure que tous les réacteurs du même type doivent être définitivement arrêtés et qu'il faut passer à autre chose, d'abord à du 50%, ensuite à du zéro nucléaire puisque s'arrêter à 50% n'a pas de sens face à un tel risque. Les réacteurs du parc ont certes connu des arrêts pour des raisons techniques. Mais ces raisons ont été analysées selon les meilleures règles de l'art tout en prenant en compte l'expérience de réacteurs étrangers de la même filière.

Cette disposition de la loi doit également être appréciée de par ses conséquences. Il y a tout d'abord la fermeture par anticipation de 14 réacteurs en parfait état de marche – amorcée par la loi de 2019 avec la fermeture de Fessenheim – finalisée dans la PPE de 2020.

Par ailleurs, une diminution de la part du nucléaire dans le mix électrique ne peut avoir que des conséquences négatives sur le facteur de charge et, par conséquent, sur le bilan économique du nucléaire et sur le financement d'un nouveau nucléaire.

Enfin, la diminution de la capacité du parc pilotable français doit être replacée dans un contexte européen marqué un peu partout par un déploiement accéléré de sources intermittentes non accompagné par un déploiement concomitant de sources pilotables.

Ces divers aspects de la problématique du 50% sont examinés plus en détail dans l'annexe 10.

Mai 2017 : Nicolas Hulot est nommé par Emmanuel Macron ministre d'État, ministre de la Transition écologique.

En 2018, Nicolas Hulot convient que l'échéance 2025 est irréaliste et doit être repoussée à 2035.

1er juin 2018 : Nicolas Hulot annonce un plan hydrogène qui sera doté de 100 millions € en 2019. « *L'hydrogène peut devenir une solution majeure pour notre mix énergétique de demain, tout d'abord en rendant possible le stockage à grande échelle des énergies renouvelables, permettant ainsi de rendre crédible un monde où l'hydrogène vient se substituer, petit à petit, au fossile et au nucléaire pour combler les intermittences du solaire et de l'éolien.* »
28 août 2018 : Nicolas Hulot démissionne : « *Je ne veux plus me mentir.* » Il est remplacé par François de Rugy, avocat de l'abandon du nucléaire avant sa nomination comme ministre de l'Écologie, du Développement durable et de l'Énergie.
Celui-ci sera poussé à la démission et remplacé le 16 juillet 2019 par Élisabeth Borne, ancienne directrice de cabinet de Ségolène Royal, qui sera nommée ministre de la Transition écologique et solidaire.
Début octobre 2019. Lancement de la Convention citoyenne pour le climat. Décidée par le président de la République, elle réunit 150 citoyens, tous tirés au sort, « *illustrant ainsi la diversité de la société française* ».
« *Cette Convention citoyenne pour le climat a pour vocation de donner la parole aux citoyens et citoyennes pour accélérer la lutte contre le changement climatique. Elle a pour mandat de définir une série de mesures permettant d'**atteindre une baisse d'au moins 40% des émissions de gaz à effet de serre d'ici 2030** (par rapport à 1990) dans un esprit de justice sociale.*
Ces citoyens s'informent, débattent et prépareront des projets de loi sur l'ensemble des questions relatives aux moyens de lutter contre le changement climatique. » Le président de la République s'est engagé à ce que « *ces propositions législatives et réglementaires soient soumises **"sans filtre"**, soit à référendum, soit au vote du Parlement, soit à application réglementaire directe.* » Les résultats seront finalement publiés le 21 juin 2020 et soumis au Parlement début 2021 (voir infra).

LA LOI ÉNERGIE CLIMAT DU 9 NOVEMBRE 2019

Cette loi reprend, pour ce qui est de la place du nucléaire, l'essentiel de la loi de 2015, mais avec report de l'échéance de 2025 à 2035 qui est désormais inscrit dans la loi.

Extrait de l'exposé des motifs : « *Réduire à 50% la part de nucléaire dès 2025 aurait nécessité de construire de nouvelles centrales au gaz, en contradiction avec nos objectifs climatiques. Il est donc proposé de porter ce délai à 2035, permettant d'engager une transition réaliste et pilotée. À l'inverse, les travaux ont montré qu'il était possible d'accélérer la baisse des consommations d'énergies fossiles à - 40% en 2030 au lieu de - 30%. Le Gouvernement s'est en particulier engagé à l'arrêt de la production d'électricité à partir de charbon d'ici 2022.* »

L'objectif est celui de la neutralité carbone d'ici 2050[18], objectif qui, suite à un rapport du GIEC demandé lors de l'Accord de Paris (COP21 de 2016), remplace celui de la division par 4 des émissions de GES.

L'option d'un nouveau nucléaire reste ouverte. Il est convenu qu'EDF devra faire en 2021 des propositions pour un déploiement d'un réacteur optimisé par rapport au démonstrateur de Flamanville 3 (l'EPR2).

La décision est prise d'accélérer le déploiement des Énergies Renouvelables comme précisé page 49.

Cette loi a permis l'ouverture d'une consultation sur un projet de PPE 2019 (Programmation pluriannuelle de l'énergie). Cette consultation s'est déroulée pendant le premier trimestre 2020 et le décret PPE 2019 a été publié le 23 avril 2020.

LA STRATÉGIE NATIONALE BAS-CARBONE (SNBC)

Introduite par la LTECV, la SNBC est la feuille de route de la France pour la lutte contre le réchauffement climatique. Elle sera révisée tous les cinq ans.

18. La neutralité carbone d'un pays est atteinte quand les émissions de gaz à effet de serre sont inférieures ou égales aux capacités d'absorption par les écosystèmes ou par des moyens industriels de capture et de réutilisation du carbone, sachant que ces derniers sont limités.

La dernière version a été adoptée par décret le 21 avril 2020. Parmi ses objectifs, celui consistant à réduire de moitié la consommation d'énergie d'ici 2050.

Elle entérine également une augmentation de la demande d'électricité qui viendra se substituer aux énergies fossiles. Augmentation qui sera également due aux besoins d'hydrogène décarboné, essentiellement par électrolyse. Augmentation largement sous-estimée par beaucoup (voir page 50).

15 juillet 2020 : Barbara Pompili, membre de EELV jusqu'en 2017, date à laquelle elle s'inscrit au LREM (La République en marche), est nommée ministre de la Transition écologique et solidaire.

Septembre 2020 : Le gouvernement annonce un *plan hydrogène* de 7,2 milliards sur 10 ans. Il s'agit de développer une production d'hydrogène « vert » rentable, et ceci par utilisation d'électricité non carbonée, c'est-à-dire l'éolien, le solaire et le nucléaire. En 2019, l'hydrogène « vert » coûtait 3 fois plus cher que celui obtenu par cracking du gaz naturel.

LA PROGRAMMATION PLURIANNUELLE DE L'ÉNERGIE (PPE 2019)

La PPE fixe les priorités d'action des pouvoirs publics pour les dix années à venir – 2019-2028 – dans le domaine de l'énergie afin d'atteindre les objectifs définis par la loi. Elle a été adoptée par décret en même temps qu'un second décret visant l'adoption de la Stratégie nationale bas-carbone (SNBC) qui fixe comme objectif la neutralité carbone de la France à l'horizon 2050.

Il s'agit d'un outil opérationnel engageant les pouvoirs publics. La PPE est censée décrire les mesures qui permettront à la France de décarboner son énergie afin d'atteindre la neutralité carbone d'ici 2050, notamment en matière de :

- Production d'énergie, la PPE prévoit entre autres de porter la part des énergies renouvelables dans le mix électrique à 40% à l'horizon

2035, avec la fermeture de 14 réacteurs en état de marche au même horizon pour permettre le passage à un mix avec 50% de nucléaire.

- Maîtrise de la consommation d'énergie.
- Développement des sources de flexibilité du système électrique : stockage et effacements pour faciliter l'intégration d'unités de production électrique intermittentes.

Puissance installée en GW au 31/12	2019	2023	2028 Option basse	2028 Option haute
Énergie éolienne terrestre	16,6	24,1	33,2	34,7
Énergie radiative du soleil (solaire PV)	9,9	20,1	26,4	26,7
Éolien en mer et hydrolienne	0	2,4	5,2	6,2
Méthanisation		0,27	0,34	0,41
Total	26,5	46,87	65,14	68,01

Ceci conduit, en option basse, à un investissement de 38 GW d'ENR pour produire pratiquement la même quantité d'électricité qu'aujourd'hui.

Sur le fond, la PPE reprend pour l'essentiel le texte qui avait été mis en consultation. S'agissant du nucléaire, ce projet n'apporte rien de nouveau par rapport aux lois de 2015 et de 2019, si ce n'est l'abandon de 12 réacteurs de 900 MW d'ici 2035 – en plus des deux réacteurs de Fessenheim dont l'abandon est inscrit dans la loi –, ceci sans consultation du Parlement.

La concertation organisée autour de la PPE a permis l'expression de commentaires, beaucoup émanant de spécialistes du nucléaire, commentaires qui auraient pu permettre l'ouverture d'un débat fructueux sur la pertinence du passage du nucléaire à 50% du mix électrique. Il n'en a rien été. Au point qu'on peut se demander à quoi cette consultation a pu servir.

Les rédacteurs de la PPE ignorent le critère d'efficience économique et se désintéressent du coût de l'électricité. La vingtaine de nouveaux modes de production d'électricité promus par la PPE (éoliennes marines posées ou flottantes, éoliennes terrestres, agro-carburants, méthanisation, chaleur renouvelable, solaire photovoltaïque et thermique, individuel ou collectif, petit hydraulique, hydrolienne...) conduisent chacun à une augmentation de coût sur la période 2020-2028 couverte par la PPE. Le chapitre 7.3 de la PPE – consacré aux prix de revient – ne fixe aucun objectif et ne propose aucune évaluation sur la base de ce critère. Les mesures adoptées ne proposent pas d'optimiser les coûts de production mais de subventionner l'énergie, subventions qui sont à la charge d'EDF ou des consommateurs[19]. Il n'y a pas eu d'étude d'impact détaillée sur la compétitivité du tissu industriel et des services à valeur ajoutée exposés à la concurrence internationale du fait du renchérissement programmé du coût de l'électricité.

L'ÉVOLUTION DE LA DEMANDE D'ÉLECTRICITÉ

Une stratégie raisonnée d'investissement dans les infrastructures électriques repose sur des perspectives réalistes d'évolution de la demande. Or ces investissements à faire aujourd'hui, notamment les réseaux et le nucléaire, sont lourds, faits pour durer, s'agissant du nucléaire jusqu'à la fin du siècle tandis que la demande dépend, malgré les efforts entrepris pour la maîtriser, pour l'essentiel du comportement des consommateurs.

En 2019, un quart seulement de l'énergie consommée était de l'électricité, soit 470 TWh, décarbonée à environ 90%. Mais les trois quarts de l'énergie utilisée provenaient de carburants et combustibles fossiles. L'objectif de la neutralité carbone en 2050 présente donc un défi considérable, car il implique une transition énergétique radicale en à peine 30 ans. Il passe par une augmentation massive de l'usage de l'électricité, là où c'est possible et à condition que l'électricité soit

19. Voir étude IFRAP du 12 mai 2020 : *Relancer l'industrie*, de Jacques Peter et Philippe François.

produite par des sources non carbonées, ce qui exclut notamment les centrales à gaz sans Capture et Stockage du CO_2.

On notera en particulier la fin du chauffage au gaz pour les logements neufs à laquelle devrait conduire la nouvelle réglementation thermique, présentée le 24 novembre 2020 par Barbara Pompili et Emmanuelle Wargon. Le développement de la mobilité électrique, celui des usages de l'informatique, etc., vont dans le même sens.

Or, **les prévisions de la SNBC et de l'ADEME sont construites sur de forts gains d'efficacité énergétique supérieurs à ce qui peut être historiquement constaté et sur des paris sur l'évolution des comportements.** En 2015, l'ADEME estimait à moins de 400 TWh la demande à horizon 2050 contre 470 aujourd'hui. En 2020, la SNBC retenait, malgré les gains d'efficacité, le chiffre de 630 TWh pour 2050. Pour l'Académie des technologies, hors production d'hydrogène et en l'absence de conversion Power to Gas to Power (P2G2P), la demande d'électricité serait de l'ordre de 729 TWh d'ici 2050. Avec une production d'hydrogène de deux millions de tonnes, elle pourrait atteindre 850 TWh. Dans son avis du 8 juillet 2021, l'Académie des sciences prévoit que la France devra faire face à une très forte augmentation de la demande d'électricité qui pourrait atteindre de 760 à 900 TWh. Des chiffres qui paraissent d'autant plus réalistes que le Royaume-Uni et l'Allemagne prévoient un doublement de leur consommation d'électricité d'ici 2050.

EDF : RESTRUCTURATION OU DÉMANTÈLEMENT ?

Le 19 novembre 2004, EDF devient, conformément à la loi du 9 août 2004, une société anonyme à capitaux d'État. Cela en réponse aux exigences de la Commission européenne. Le 15 novembre 2005, EDF met sur le marché 15% de son capital au prix de 32 € l'action. L'État en est aujourd'hui actionnaire à 83,7%. Sa capitalisation boursière est de 38 milliards € après avoir atteint 120 milliards en 2008 ; l'action a dépassé 75 € en 2007, mais ne valait plus que 12 € en mai 2021.

Son chiffre d'affaires est de 71 milliards (2019) ; sa dette est de 41,1 milliards (comptes 2019). S'agissant d'une industrie aussi capitalistique que le nucléaire, il n'est pas anormal qu'EDF soit amené à gérer un endettement élevé. À la fin des années 1980, le record fut atteint avec un endettement de 230 milliards de francs, ce qui correspond à 58 milliards €, mais cette dette était la conséquence du programme de construction du parc et a été entièrement remboursée.
À noter l'augmentation récente du prix de marché de l'électricité, due pour l'essentiel à l'augmentation du prix du carbone (50 € la tonne à la fin juillet 2021), qui, si elle devait durer, contribuera à l'amélioration de la situation financière d'EDF.

Trois grandes interrogations en suspens

Ces trois interrogations sont liées aux négociations en cours avec la Commission européenne. EDF, avec son nucléaire et sa position dominante sur le marché français, continue de gêner la Commission européenne (voir annexe 3) qui voudrait que le nucléaire français devienne une *essential facility* au sens anglo-saxon du terme, un peu comme les réseaux : tout le monde devrait alors profiter de cet actif qu'est le nucléaire historique, EDF comme ses concurrents.

Le devenir de l'ARENH

Comme stipulé dans la loi NOME de 2010, prise en réponse à des exigences de la Commission européenne, EDF doit vendre à ses concurrents une partie de sa production nucléaire, soit 100 TWh, à un prix censé refléter le coût moyen de la production nucléaire, soit aujourd'hui 42 €/MWh. L'objectif est de favoriser l'entrée de nouveaux opérateurs sur le marché. Le président d'EDF estime que cette disposition coûte 2 milliards d'euros par an à EDF.
Les concurrents d'EDF souhaitent accroître le volume de la production nucléaire qu'ils pourront acheter à EDF. Ce volume serait porté à 150 TWh par an, soit 40% environ de la production annuelle d'EDF. En contrepartie, son prix pourrait passer de 42 à 48 €/MWh.

La réorganisation d'EDF

C'est le plan de réorganisation d'EDF qui s'appelait ***Hercule*** jusqu'à son abandon en mars 2021. Son objectif est triple : isoler le risque financier associé au nouveau nucléaire, mieux contrôler le prix de vente de l'électricité, faciliter le financement des ENR. Mais rien n'est encore officiel ; le projet a toutefois fait l'objet de plusieurs consultations, notamment des syndicats qui s'y opposent.

• EDF serait alors scindée en trois parties :

EDF bleu : le nucléaire, la commercialisation du nucléaire, l'hydraulique, RTE et Framatome resteraient au sein d'une entreprise 100% publique. Les pertes dues à l'arrêt prématuré de réacteurs rentables et celles liées à la vente de courant aux concurrents d'EDF au-dessous des prix de marché seront donc nationalisées, c'est-à-dire qu'elles seront financées par le contribuable.

EDF azur : une filiale à 100% pour la gestion des concessions hydrauliques en quasi-régies. Ce qui peut éviter d'avoir à les mettre en concurrence lors de leur renouvellement.

EDF vert : les filiales – les renouvelables, les services, Enedis – seraient groupées et leur capital ouvert au privé. Curieuse disposition que celle consistant à séparer grand transport et distribution et à penser que l'efficacité se satisferait de la privatisation de l'un et pas de l'autre.

Le financement d'un nouveau nucléaire

Au printemps 2021, EDF a remis au gouvernement le projet d'un EPR nouveau, version optimisée de Flamanville 3. Le gouvernement envisagerait de lancer la construction en France de 6 nouveaux réacteurs (3 paires de 2 réacteurs chacune). Un EPR de 1200 MW est également à l'étude. On espère ainsi qu'EDF disposera de bons produits pour l'exportation.

Dans un document commun publié le 1er septembre 2020, la Direction du Trésor et EDF évaluent à 47, 2 Mrds € (2018) le coût des 6 réacteurs évoqués plus haut. Ce coût serait financé à concurrence de 54% par des subventions publiques et 46% par EDF.

LES ERREMENTS DE L'EPR

C'est un concept franco-allemand. La décision a été prise par le chancelier Kohl et le président Mitterrand de construire un réacteur de 1650 MW.

Ce projet comporte des avancées significatives en termes de sûreté du bâtiment réacteur, notamment pour ce qui est des accidents avec fusion du cœur.

Il présente d'autres avantages : 22% d'électricité en plus pour la même quantité de combustible ; 22% de déchets en moins ; disponibilité de 91%.

C'est la génération III.

Décembre 2003 : Signature par AREVA d'un contrat clés en main avec la Finlande. 3,3 milliards € pour une tête de série avec une MSI (Mise en service industrielle) prévue pour 2009 ; fin avril 2021, le combustible était chargé pour une MSI envisagée pour 2022.

2007 : La décision est prise de construire Flamanville 3 pour 4 milliards €. MSI initialement prévue pour 2012, aujourd'hui prévue pour 2023 après que l'ASN eut refusé les mesures proposées par EDF pour régler la question des soudures (voir annexe 8).

2016 : Signature avec le gouvernement britannique d'un contrat pour deux EPR (Hinkley Point). Emmanuel Macron, alors ministre de l'Économie, aura joué un rôle déterminant.

2018-2019 : Les deux EPR construits en Chine en coopération avec EDF – Taishan 1&2 – ont été mis en service respectivement en 2018 et 2019 et fonctionnent depuis de façon satisfaisante. En 2019, Taishan1 a même été le réacteur le plus performant au monde.

Juin 2019 : Le DG de l'ASN : « *Les difficultés que connaît l'EPR ne remettent pas en cause sa conception.* »

De nombreuses erreurs

La coulée du béton. Pour la peau d'étanchéité de l'enceinte, il aura fallu 6 mois en Chine, 18 mois à Flamanville.

Les soudures du circuit principal du secondaire :

Ces soudures ont été mises en *exclusion de rupture*. Ce qui implique, en matière de sûreté, des exigences particulièrement sévères.

La faute initiale : AREVA néglige d'en informer ses sous-traitants.

Absence de contrôle qualité effectif à tous les niveaux, notamment en sortie d'usine.

EDF avait, pour sa part, supprimé son service de contrôle de fabrication au début des années 2000 au motif que les entreprises sous-traitantes étaient certifiées ISO 9000. Or cette certification garantit une qualité papier, pas celle des gestes professionnels. On notera que les trois années ainsi perdues l'ont été, pour l'essentiel, du fait d'une perte de compétences en matière de soudure. Par ailleurs, rien n'obligeait le constructeur à mettre ces fameuses soudures entre les deux enceintes. D'ailleurs l'EPR 2 devrait n'avoir qu'une simple enceinte.

Un coût désormais évalué à 13 milliards €. C'est effectivement beaucoup, mais ne représente que trois années de subvention aux ENR intermittentes.

Octobre 2019 : Publication du rapport Folz. Mandaté par EDF (sur la suggestion de Bruno Le Maire). Jean Martin Folz conclut : « ... *Un effort de reconstitution et de maintien de compétence doit être engagé ; celui-ci doit faire l'objet d'une véritable politique industrielle que seul peut conduire le groupe EDF. Il s'agit concrètement d'afficher des programmes stables à long terme de construction de nouveaux réacteurs en France et d'entretien du parc existant qui donnent aux entreprises concernées la visibilité et la confiance nécessaires pour qu'elles engagent les efforts d'investissements et de recrutement indispensables.* »

Mai 2020 : Élisabeth Borne annonce qu'EDF devra remettre mi-2021 au gouvernement un dossier complet sur les aspects techniques, industriels et économiques d'un programme de construction de 6 nouveaux réacteurs qui intégrera les enseignements tirés des projets EPR dans le monde.

9 juillet 2020 : Dans un rapport rendu public, la Cour des comptes pointe les responsabilités des dérives et errements du chantier de Flamanville 3. Les magistrats n'épargnent personne, ni EDF, ni Areva – disparu depuis –, ni l'ASN : « *L'État devrait jouer son rôle de stratège ; il devrait cesser de tergiverser en donnant des gages aux opposants du nucléaire en fermant Fessenheim.* »

La Cour estime à 46 milliards € le coût de la construction des trois premières paires d'EPR. Alors que, fin 2019, EDF estimait à 12,4 milliards (hors frais financiers) le coût de l'EPR de Flamanville, la Cour retient le chiffre de 19,1 milliards (y compris les frais intercalaires), soit 110/120 €/MWh.

L'ABANDON DE FESSENHEIM 1&2

Fessenheim 1 a été arrêté définitivement dans la nuit du 22 au 23 février 2020, Fessenheim 2 dans celle du 29 au 30 juin de la même année. Contrairement aux engagements de François Hollande de ne fermer la centrale qu'après la mise en service de l'EPR de Flamanville. Cette fermeture est « *caractérisée par un processus de décision chaotique* », nous dit la Cour des comptes, dans sa communication au Sénat de février 2020, et « *risque d'être coûteuse pour l'État.* »

Ces deux réacteurs ont été arrêtés après quelque 40 années de bons et loyaux services. L'Autorité de sûreté nucléaire les jugeait pourtant parmi les plus sûrs du parc.

Ils permettaient d'éviter l'émission de 11 millions de tonnes de CO_2 par rapport à des centrales à charbon de même puissance. Les arrêter se trouve en parfaite contradiction avec la politique française de réduction des émissions de GES. Pour fixer les idées, 11 millions de tonnes de CO_2 correspondent à plus de la moitié des émissions de la totalité du secteur électrique (20,4 millions de tonnes) en 2018. Pour EDF, c'est une perte de 400 millions € de revenu par réacteur

et par an, cela dans l'hypothèse d'un prix de marché que l'on peut raisonnablement estimer à 40 €/MWh. Beaucoup plus, si perdure la hausse des prix de l'électricité que l'on peut observer aujourd'hui.
Le protocole d'indemnisation signé par le gouvernement et EDF comprend deux parts : 1) une part fixe initiale qui couvre l'anticipation des coûts à engager après l'exploitation (reconversion du personnel, démantèlement) et 2) une part additionnelle variable reflétant le manque à gagner pour EDF jusqu'en 2041.
Le 21 février 2020, Élisabeth Borne, plusieurs autres ministres et des parlementaires ont signé une tribune intitulée *La fermeture de la centrale de Fessenheim marque une étape historique*.
Reprenons quelques-unes des affirmations que l'on trouve dans cette tribune : « *Parce que nous voulons atteindre la neutralité carbone vers un nouveau modèle écologique, parce qu'on ne peut pas dépendre d'une seule technologie, parce qu'avec une mise en service en 1977, les réacteurs de Fessenheim sont les plus anciens en activité et parce que le positionnement de la centrale en zone inondable et sismique conduit encore davantage à vouloir limiter les risques, parce que la mise à l'arrêt de la centrale de Fessenheim incarne l'écologie de responsabilité que nous portons et "tenir nos promesses".* »
On notera que les réacteurs américains de même facture ont, pour la plupart, reçu de la NRC (National Regulatory Commission - Autorité de sûreté américaine) l'autorisation de fonctionner jusqu'à 60 ans ; c'est notamment le cas du réacteur de Beaver Valley qui fut le modèle pour Fessenheim. La procédure visant un prolongement à 80 ans est en cours et plusieurs réacteurs ont d'ores et déjà été autorisés à fonctionner 80 ans, dont un de 1 300 MW.

L'OPINION PUBLIQUE ET LE NUCLÉAIRE

Le 11 mars 2021, date du 10e anniversaire de l'accident de Fukushima, ODEXA publiait les résultats d'un sondage montrant que 59% des sondés étaient favorables au nucléaire.

• Opposés : 41% dont 7% tout à fait opposés et 34% plutôt opposés.
• Favorables : 59% dont 18% tout à fait favorables et 41% plutôt favorables.

Mais, selon le dernier baromètre de perception des risques de l'IRSN, 55% des Français restent persuadés que les retombées radioactives de l'accident de Fukushima ont causé des centaines de morts. Cela alors même que l'UNSCEAR, comité scientifique de l'ONU, conclut dans un rapport rendu public le 10 février 2021, la veille du 10e anniversaire de l'accident, que ces retombées radioactives n'ont causé aucun mort et que, dix ans après, aucun cancer n'a pu être lié à ces mêmes retombées. *En même temps,* un sondage Harris de novembre 2020 indique que 76% de la population interrogée ont une image favorable des éoliennes. Un sondage, il est vrai, commandité par France énergies éoliennes.

Reste que l'opinion est fragile et dépend pour beaucoup de la façon dont le sujet est traité dans les médias, c'est-à-dire par des journalistes qui, à quelques exceptions près, n'ont pas le minimum de compétences nécessaires pour l'aborder autrement qu'en mettant face à face les tenants de thèses opposées. Sans oublier bien sûr les *minorités agissantes,* toujours à prêtes à créer une ZAD (Zone à défendre) pour s'opposer à un projet qui leur déplaît, comme on le voit aujourd'hui à Bure.

Reste aussi que cette opinion est mal informée comme on le voit avec l'enquête effectuée en juin 2019 par ORANO et qui montrait que 69% des personnes interrogées estimaient que le nucléaire contribuait au dérèglement climatique. Selon une autre enquête, 70% sont persuadés que les vapeurs d'eau qui émanent des tours de refroidissement sont radioactives.

LE CONTEXTE POLITIQUE

Nous reproduisons ici les principales déclarations de personnalités politiques qui ont participé récemment et participent aujourd'hui à la conduite de la politique énergétique de notre pays. Nous y ajoutons les rapports et décisions qui méritent attention.

Nicolas Hulot : En 2015, alors qu'il était conseiller de Ségolène Royal, ministre de l'Environnement, de l'Énergie et de la Mer : « *J'aurais préféré que la loi prévoie l'abandon du nucléaire, mais le passage de 75 à 50% n'est qu'une première étape vers un abandon du nucléaire.* » Pour Nicolas Hulot, « *l'abandon du nucléaire est un choix de civilisation.* » Ce qui ne facilite pas la discussion ! En 2018, après son départ du gouvernement, il qualifie le nucléaire « *d'une folie dans laquelle la France s'entête* ». Il est aujourd'hui l'une des personnalités les plus populaires du pays.

Avril 2018 : La Cour des comptes écrit : « *Les acteurs du monde de l'énergie – même au sein des administrations intéressées – sont nombreux à ne pas avoir cru dans les objectifs et la trajectoire définis par la LTECV et la PPE. Ce faisant, cet outil a failli à l'objectif qu'il s'était donné, celui d'offrir un cadre prévisible et consolidé de l'évolution de la politique énergétique.* »

5 juillet 2018 : Publication du rapport de la Commission des affaires économiques de l'Assemblée nationale, présidée par Barbara Pompili. Un rapport – à charge – sur la sûreté et la sécurité nucléaires. EDF en a fait une réfutation que l'on trouve sur son site.

Novembre 2018 : Emmanuel Macron, président de la République : « *À l'horizon 2030, la production du parc éolien terrestre sera triplée, la quantité d'énergie produite à partir du photovoltaïque multipliée par 5. Si nous arrivons à innover suffisamment vite, au niveau français, européen, et avoir des vraies technologies de stockage, nous pourrons à ce moment-là substituer beaucoup plus vite l'une [le nucléaire] par l'autre. Reste le sujet, que je sais attendu, du nucléaire. Je dis reste, car la montée en puissance des énergies renouvelables en France est inéluctable et est au cœur des engagements du gouvernement. Elle n'est en aucun cas liée au rythme de fermeture des centrales nucléaires dans les prochaines années. Et cessons de dire qu'il faut forcer la fermeture rapide de réacteurs nucléaires pour que les énergies renouvelables trouvent leur place, ce n'est pas vrai et ça n'est pas le cas.* »

L'objectif final – substituer l'une (le nucléaire) par l'autre (les ENR) – est ainsi affiché au plus haut niveau de l'État.
François Brottes, alors président de RTE, avocat de l'éolien lorsqu'il était député, devant la commission présidée par le député Julien Aubert : « *Le développement du solaire et de l'éolien répond aujourd'hui aux enjeux de sécurité de l'approvisionnement et de sûreté du système électrique. Ne pas avoir de solaire et d'éolien nous coûterait sûrement.* » Il ne dit pas combien !
François de Rugy, alors numéro 2 du gouvernement, ministre de la Transition écologique et solidaire, partisan d'un abandon du nucléaire avant son arrivée au gouvernement, le 1er avril 2019 sur LCP : « *Le nucléaire a des mérites, mais il présente des risques et il y a le problème des déchets...* » Ce qui d'une certaine manière est indiscutable, mais le ministre se garde bien de rappeler les mesures déjà prises pour maîtriser ces risques et faire progresser le dossier déchets.
Arnaud Leroy, président de l'ADEME : « *Une prolongation trop forte du nucléaire historique maintiendrait les prix de marché bas et déséquilibrerait la rentabilité de tous les moyens de production.* »
10 juillet : Pascal Canfin, ancien président de WWF – nucléophobe militant et numéro 2 de la liste Renaissance LREM aux élections européennes – est nommé président de la Commission environnement du Parlement européen.
Le préfet Carenco, président de la CRE, dans sa préface au rapport d'activité 2018 : « *Si le problème des déchets n'est pas résolu, il faudra abandonner le nucléaire. [...] Le coût des ENR se rapproche de celui du nucléaire.* » Une déclaration qui ne relève pas de la compétence de la CRE.
16 juillet : Devant le Sénat, Emmanuelle Wargon, alors secrétaire d'État à l'Écologie, à propos de la fermeture de Fessenheim : « *Un travail sur la réindustrialisation est prévu pour offrir des perspectives aux salariés et aux sous-traitants.* » La ministre a répondu à plusieurs questions à la fois, ce qui lui a permis d'esquiver toute réponse substantielle

aux questions embarrassantes, notamment sur le nucléaire. Vieille technique !

Décembre 2018 : Publication du rapport de la Commission sur l'impact des ENR, sur la transparence des financements et l'acceptation sociale des politiques de transition énergétique, présidée par Julien Aubert, député du Vaucluse, avec Marjolaine Meynier-Millfest comme rapporteure. Rapport un peu décevant au point que Julien Aubert a cru devoir écrire sa propre analyse.

Début septembre 2019 : Report *sine die* d'Astrid, en catimini. Astrid était le pilier de la stratégie du cycle fermé adoptée par le gouvernement.

Début novembre 2019 : Le président d'EDF, Jean-Bernard Lévy, déclare : « *Il est clair que la France se prépare à construire de nouveaux réacteurs nucléaires.* » Le 10 novembre, Élisabeth Borne lui rétorque : « *C'est très bien que Jean-Bernard Lévy ait son point de vue, que je ne partage pas.* » Elle appelle EDF à « *réfléchir à son rôle au cas où un scénario 100% renouvelables serait retenu à terme pour la fourniture d'électricité aux dépens du nucléaire. Il se trouve que la politique énergétique, c'est plutôt en particulier le ministre en charge de l'énergie qui doit la définir. L'énergie nucléaire ne produit pas de GES, c'est un plus. L'énergie nucléaire, avec des déchets, on en a pour des centaines de milliers d'années.* »

8 janvier 2020 : La ministre annonce que la décision de construire ou non de nouveaux réacteurs nucléaires ne sera pas prise avant la fin 2022. La décision est donc renvoyée au prochain quinquennat.

14 janvier 2020, à Pau : Le président de la République reconnaît que « *la capacité à développer l'éolien terrestre est réduite, car le consensus sur l'éolien est nettement en train de s'affaiblir dans notre pays...* »

21 février 2020 : Sept ministres, dont Élisabeth Borne, et plusieurs députés appartenant à la République en marche, signent dans *Le Monde*, à propos de Fessenheim, la tribune évoquée plus haut et dans laquelle les auteurs n'hésitent pas à contredire l'ASN qui a pourtant estimé que Fessenheim est sûre.

21 juin 2020 : La convention citoyenne remet ses 149 propositions. « *Votre travail sera au cœur du projet* » a lancé Élisabeth Borne en recevant le rapport, assurant que « *il n'y aura pas de tabou.* » L'observateur ne peut manquer d'être surpris de ne pas voir évoqué le nucléaire alors que c'est la seule source d'électricité pilotable non carbonée disponible pour atteindre l'objectif d'une baisse de 40% des émissions de GES d'ici 2030. Il l'est également par l'absence de toute référence au coût des mesures proposées. Nous trouvons l'explication dans *Le Figaro* du 23 juin 2020, Jean-Éric Schoettl et Pierre Steinmetz (anciens membres du Conseil constitutionnel) :

- « *Il n'est pas permis de rendre obligatoire la participation au panel. Ne restent donc, parmi les tirés au sort, que les plus motivés par le sujet, c'est-à-dire les plus favorables aux thèses radicales et les plus grisés par la perspective de jouer un rôle national.* »
- « *En outre, les experts ayant "éclairé" cette réflexion de citoyens motivés sont, pour la plupart, des personnalités elles-mêmes engagées, ce qui n'est pas honteux, mais biaise le résultat de délibérations présentées comme exemptes de préjugés et représentatives du "sentiment général des gens".* »

1er juillet : Le Président réunit les 150 citoyens. Il retient 146 des 149 propositions qui lui sont faites. Le 14 décembre il reçoit les membres de la Convention.

12 juillet : Barbara Pompili, nouvellement chargée du ministère de l'Énergie et de l'Écologie, répétait dans *Le Parisien* : « *J'ai des positions, elles sont connues et elles ne changent pas. Il faut que les citoyens aient des alternatives viables. Donc aujourd'hui, on étudie la solution où on arriverait à 100% de renouvelables.* » On sait que la ministre était, avant son accession à la fonction de ministre, partisane de l'abandon du nucléaire.

Dans le *JDD* du 26 juillet, Bruno Le Maire : « *Le nucléaire garde toute sa pertinence... En revanche, nous devons tenir notre ambition sur le développement rapide des énergies renouvelables pour préparer l'avenir.* » (Voir annexe 3 pour une analyse de la notion de complémentarité entre ENR et nucléaire, notion que défend le ministre.)

1er septembre : Xavier Piechaczyk, ancien conseiller pour l'Énergie et l'Environnement de François Hollande, président de la République, est nommé président du directoire de RTE. Pauline Le Bertre, directrice adjointe de son cabinet, était, avant sa nomination à ce poste, déléguée générale de France énergie éolienne.

7 octobre, à Saint-Martin-Vésubie : Le Président répond ainsi à un journaliste : « *Si vous fermez les centrales nucléaires, vous êtes obligés de rouvrir aujourd'hui les centrales à charbon, donc vous vous trompez de stratégie.* »

8 octobre 2020 : En réponse à une question d'un député, le ministère de la Transition écologique répond notamment en évoquant la baisse des coûts de production de l'éolien et les autres bénéfices que lui prête l'ADEME, sans traiter de ses coûts indirects qui seront à la charge de la collectivité.

3 décembre 2020 : L'ASN ouvre la voie à un prolongement du fonctionnement à 50 ans des réacteurs les plus anciens et lance une concertation de la population sur le sujet.

8 décembre, au Creusot-Loire : Devant un parterre d'ingénieurs et de techniciens de l'usine de Framatome, le président de la République réitère son soutien à l'industrie nucléaire tout confirmant le passage de la part du nucléaire à 50% du mix électrique d'ici 2035. Rien sur la fermeture de 14 réacteurs en état de marche. *En même temps* il confirme son soutien aux renouvelables.

13 janvier 2021 : L'Autorité environnementale, mandatée par la ministre, estime que la prise en compte des enjeux environnementaux dans l'étude d'impact du projet de stockage souterrain Cigéo « *n'apparaît pas toujours suffisante* » et demande une étude de sécurité. L'ANDRA devait publier un mémoire en réponse.

Début janvier 2021 : RTE et AIE publient une étude conjointe qui montre que le 100% ENR est « *possible* » mais à « *quatre ensembles de conditions strictes et cumulatives* ». Barbara Pompili ne cache pas son enthousiasme : « *Nous avons maintenant la confirmation que 100% d'électricité renouvelable est techniquement possible… On est dans un moment copernicien.* »

31 janvier 2021 : RTE consulte le public sur le cadrage et les hypothèses de scénarios. Ce sera l'objet du bilan prévisionnel 2050, diffusé à cette occasion : huit scénarios, allant du 50% de nucléaire dans le mix électrique à 0% de nucléaire et 100% ENR.

Nombreux sont les experts consultés à avoir noté – pour le regretter – que RTE 1) n'ait pas pris en considération un scénario qui s'affranchirait de la contrainte des 50%, 2) n'ait pas considéré l'intérêt d'une étude de sensibilité avec une production plus élevée que celle de la SNBC pour 2050. On reviendra sur le rôle de RTE dans la conclusion.

Le 30 avril, Barbara Pompili déclare que « *le parc éolien de Saint-Brieuc (62 éoliennes off-shore) permettra d'alimenter 830 000 personnes, soit un équivalent de la population du Finistère. La centrale à gaz de Landivisiau est la dernière construite en France ; elle permet de passer une étape de transition.* » Le 28 mai, sur BMF business, elle défend le caractère « *vital de l'éolien* » : « *on en a besoin pour baisser nos émissions de gaz à effet de serre* » ; les intermittences, « *ça se gère ;* « *le stockage, on y travaille, d'ici vingt ans la question sera réglée* », etc.

16 juin 2021 sur France Inter : Barbara Pompili déclare : « *On a des projections de l'Agence internationale de l'énergie qui nous disent que d'ici dix à quinze ans, le nouveau nucléaire coûtera trois à quatre fois plus cher que les énergies renouvelables. Donc, ceux qui me disent qu'il ne faut faire que du nucléaire, je leur demande ce qu'on va dire au contribuable français quand, dans le pays d'à côté, ils auront une énergie trois à quatre fois moins chère à produire.* »

Le 7 juillet 2021, sur LCI, Carenco déclare, à propos des opposants aux éoliennes en mer : « *Moi, je suis pour que ceux qui n'en veulent pas, eh bien, qu'ils n'aient pas d'électricité.* »

CONCLUSION

LE RENOUVELLEMENT DU PARC

Ce parc vieillit. Et, comme ils ont été construits pendant un laps de temps court - 54 réacteurs mis en service en 13 ans –, les réacteurs arriveront en fin de vie dans un laps de temps similaire, que leur durée de vie soit de 50, 60 ans ou plus. C'est l'*effet falaise* évoqué plus haut et, comme il est exclu que ces réacteurs puissent être remplacés au même rythme, certains réacteurs doivent être arrêtés avant leur fin de vie économique.

L'Autorité de sûreté nucléaire, pour sa part, a validé la durée de vie de ces réacteurs pour une période de 50 ans, sans se prononcer sur une éventuelle prolongation au-delà de ces 50 ans[20]. Dans ces conditions, il faut se préparer à l'abandon de la majorité des réacteurs du parc pendant la décennie 2030.

Avec quel modèle de réacteur remplacer les réacteurs actuels ?

Dans le cadre du programme NNF (Nouveau nucléaire français) EDF a étudié une version optimisée de Flamanville 3 ; c'est l'EPR 2.

À quel rythme les remplacer ?

Le rythme maximum d'un tel remplacement est celui auquel EDF sera capable de construire les réacteurs EPR 2. EDF propose que le gouvernement prenne rapidement la décision de construire 3 paires d'EPR2.

AVEC QUEL FINANCEMENT ?

Le facteur de charge de ce nouveau nucléaire sera gravement obéré par le déploiement d'ENRi auxquelles il faudra faire de la place quand il y a du vent et/ou du soleil. C'est l'*effet d'éviction*.

20. On sait que la NRC a autorisé les réacteurs PWR américains - de même conception que les PWR français - à fonctionner jusqu'à 60 ans, voire pour certains 80 ans.

Le taux d'intérêt retenu sera déterminant. Les propriétaires des sources intermittentes - aux revenus garantis par l'État – peuvent obtenir un financement de l'ordre de 2-3 %. Dans son rapport de juin 2020 sur l'EPR 2, la Cour des comptes rappelait que le coût du MWh variait du simple au double quand le taux d'intérêt passait de 3 à 10%. Dans un texte du 1er septembre 2020, un Groupe de travail EDF, DGEC, DG du Trésor évaluait le coût du MWh produit par l'EPR2 à 46,5-51,9 €, avec un taux d'actualisation de 3,5%, tel que proposé dans rapport Quinet de 2013.

Les SMR (Small Modular Reactor) – un premier SMR (Nuward 170 MW), dérivé des moteurs de sous-marins – devrait être mis en service en 2030, mais sa contribution à l'approvisionnement de la France en sources pilotables devrait rester marginale.

PLUS GÉNÉRALEMENT : QUELLE STRATÉGIE À LONG TERME APRÈS L'ABANDON D'ASTRID ?

L'abandon d'Astrid est beaucoup plus qu'une simple péripétie. Astrid était en effet un projet de RNR (Réacteur à neutrons rapides) permettant de brûler la totalité de l'uranium naturel, pas seulement l'U 235 fissile mais aussi l'U 238, beaucoup plus abondant mais fertile comme cela a été rappelé page 11. C'est donc là un coup très dur porté à la stratégie de fermeture du cycle évoquée plus haut et à l'ensemble des acteurs engagés dans cette stratégie.

COMMENT SE PRÉPARE L'AVENIR DU NUCLÉAIRE FRANÇAIS ?

L'orientation que donnera le Président sera à cet égard décisive. De ses déclarations passées, on peut déduire qu'il pourrait proposer la *grande réconciliation* entre nucléaire et renouvelables, soit, pour faire simple, 50% de nucléaire et 50% de renouvelables (40% d'intermittentes et 10% d'hydraulique). Il ne devrait pas se prononcer avant la MSI de Flamanville 3, c'est-à-dire pas avant la fin du présent quinquennat.

RTE devrait jouer un rôle capital pour préparer une telle décision. RTE a en effet pour mission, non seulement d'assurer le transport THT mais aussi d'alerter sur la sécurité d'approvisionnement du pays en électricité. RTE a lancé en 2019 une étude sur l'évolution du système électrique intitulée *Futurs énergétiques 2050*. La phase 1, consacrée au « *cadrage des objectif, des méthodes et des hypothèses* » a fait l'objet d'une large consultation à l'issue de laquelle a été publié, le 8 juin 2021, le « *cadrage définitif* » de l'étude dont les résultats seront publiés cet automne. RTE a défini 8 scénarios permettant d'atteindre la neutralité carbone à l'horizon 2050. Le scénario le plus favorable au nucléaire vise une capacité nucléaire de 50 GW à horizon 2050, la contrainte étant, explique RTE, de nature industrielle (le rythme maximum de construction des EPR 2).

La publication de l'étude RTE annoncée pour l'automne 2021 est donc attendue avec grand intérêt. Elle sera probablement soumise à concertation/consultation.

ALERTE : LES URGENCES

Réviser la PPE et la contrainte des 50% de nucléaire dans le mix en 2035. Ce qui conduit à demander à l'ASN quelles seraient les conditions que devrait remplir EDF pour prolonger la durée de vie du parc à 60 ans.

Procéder au lancement de six EPR-2, préciser l'échéancier de leur MSI et décider de la stratégie de développement de la filière.

Relancer la R&D sur le nucléaire du futur, notamment le programme ASTRID comme le recommande l'OPECST.

Engager la réalisation du projet CIGEO, solution la plus pertinente techniquement pour la gestion des déchets HAVL.

S'agissant des scénarios, élargir le champ de l'investigation pour 1) inclure une évolution de la demande supérieure à celle prévue par la SNBC, comme le proposent notamment les Académies et 2) s'affranchir de la contrainte des 50 GW en 2050.

Compléter ces scénarios par **une analyse de risque,** notamment celui consistant à faire comme si les technologies permettant le stockage de l'électricité étaient matures, dans des conditions de coût et d'acceptabilité par le public qui soient satisfaisantes.

Enfin, tenir compte de **l'expérience allemande.**

ANNEXES

ANNEXE 1

RÉCHAUFFEMENT CLIMATIQUE ET NUCLÉAIRE

L'objectif de cette annexe est de rappeler l'enjeu du nucléaire dans la lutte contre le réchauffement climatique au plan mondial.

LE RÉCHAUFFEMENT CLIMATIQUE ET L'ACCORD DE 2015

Le réchauffement climatique

Son moteur (l'augmentation des GES - Gaz à effet de serre) est maintenant bien compris et quantifié. Le CO_2 est le principal GES, mais il y en a d'autres, le méthane par exemple. Ce CO_2 a pour principale origine l'activité humaine.
Les changements climatiques annoncés sont considérables et surtout très rapides, au regard des variations « naturelles ». + 5 degrés en 20 000 ans. Aujourd'hui : + 2 degrés en 100 ans.
Limiter le changement climatique à 1,5 ou 2°C nécessite une diminution considérable et rapide des émissions de CO_2. Il va s'amplifier si nous ne faisons rien avec les conséquences que l'on sait, désagréables pour certains, dramatiques pour d'autres.

L'accord de 2015

Le 12 décembre 2015, Laurent Fabius scellait d'un coup de marteau historique un pacte ambitieux de réduction des émissions de gaz à effet de serre. Ce pacte, conclu entre 195 pays réunis à Paris pour la COP 21[21] (Conference Of Parties), a pour objectif de contenir le réchauffement climatique de la planète « *nettement* » au-dessous de 2 degrés d'ici 2100, par rapport au niveau préindustriel, tout en poursuivant les efforts pour qu'il ne dépasse pas 1,5 degré.
Le 12 décembre 2020, à l'occasion d'un sommet virtuel international, António Guterres, secrétaire général de l'ONU – sous l'égide de laquelle

21. Les COP se tiennent tous les ans dans le cadre de la Convention des Nations unies sur le changement climatique du 9 mai 1992.

se tiennent les COP – déclare que « *les politiques climatiques ne sont toujours pas à hauteur de l'enjeu.* » Il faudrait réduire les émissions mondiales de 7,6% par an entre 2020 et 2030 pour respecter l'objectif de 1,5%. Or les prévisions actuelles tablent plutôt sur une hausse annuelle des émissions de 2% sur cette période.

En 2020, la mise à l'arrêt forcé d'activités économiques a conduit à une baisse des émissions de l'ordre de 7% mais, dans le même temps, cette année 2020 est la plus chaude jamais enregistrée et le seuil des 1,5% de l'accord de Paris pourrait être atteint dès 2024.

Ajoutons que, dans le cadre de l'article 4 du pacte de 2015, chacune des parties s'est engagée à communiquer ses objectifs de réduction des émissions (les CDN - Contributions déterminées au niveau national) et à les remettre à jour tous les cinq ans. Les pays avaient jusqu'à la fin 2020 pour envoyer leur CDN à l'ONU.

LE GIEC ET LE NUCLÉAIRE

Créé il y a plus de 30 ans, le GIEC – Groupe d'experts intergouvernemental sur l'évolution du climat – évalue l'état des connaissances sur l'évolution du climat, ses causes, ses impacts. Il identifie également les possibilités 1) de limiter l'ampleur du réchauffement et la gravité de ses impacts et 2) de s'adapter aux changements attendus. Les rapports du GIEC fournissent un état des lieux régulier des connaissances les plus avancées. Cette production a pour ambition d'alerter les décideurs, notamment ceux qui participent à des négociations internationales, telles les COP évoquées plus haut.

Ainsi, dans le résumé de son rapport d'octobre 2018 – le seul qui soit vraiment lu –, le GIEC affirme : « *À moins d'un miracle affectant le monde entier, l'objectif de limiter à 1,5 degré la hausse de la température de la terre tel qu'entériné à la COP 21 sans le nucléaire est tout simplement hors d'atteinte.* »

L'Agence internationale de l'énergie, créée en 1974 sous l'égide de l'OCDE à la suite de la première crise pétrolière, fait le même constat.

ANNEXE 2

LE NUCLÉAIRE CIVIL DANS LE RESTE DU MONDE

Depuis l'accident de Fukushima, le nucléaire n'a pas reculé dans le monde. Au contraire, pendant la dernière décennie, 63 réacteurs sont entrés en service, contre 33 entre 2000 et 2009. 53 réacteurs sont actuellement en construction dans 19 pays.

Nous évoquons, sans prétendre à l'exhaustivité, les pays ayant choisi l'option nucléaire, ceux qui, après l'avoir retenue, l'ont abandonnée et ceux qui hésitent.

Les deux pays les plus dynamiques sont la Russie et la Chine. C'est donc par eux que nous commençons : depuis 2000, 80% des nouvelles installations se trouvent en Chine et en Russie.

LA RUSSIE

37 réacteurs sont en fonctionnement et 6 en construction. L'électricité nucléaire représente 40% de l'électricité produite dans la partie occidentale de la Russie. Des VVER – principes de fonctionnement identiques à ceux des PWR – et des RBMK en voie de disparition.

La Russie met en œuvre un important programme de construction de réacteurs destinés à l'exportation. Depuis l'arrivée de Poutine au pouvoir, la Russie a vendu plus de réacteurs à l'export que les États-Unis, la France, la Chine, la Corée du Sud réunis. Elle propose à la fois le réacteur et le financement, ce qui lui donne un avantage souvent décisif sur ses concurrents.

La Russie est particulièrement active chez ses anciens satellites. En Biélorussie, 2 réacteurs ont été mis en service en 2020 et 2021. Elle a vendu à la Hongrie 2 réacteurs qui devraient être mis en service en 2026 – avec des prêts couvrant 80% de la fourniture et à des taux compris entre 3,95 et 4,95% l'an. Elle reste présente en Bulgarie, en Tchéquie, en Slovaquie et en Ukraine où elle a maintenu sa coopération. Elle est très active en Chine avec son VVER.

Atomstroyexport affichait en 2019 un portefeuille de contrats pour plus de 200 milliards $.
La Russie poursuit une stratégie du cycle fermé. Deux rapides refroidis au sodium sont en fonctionnement, le BN 600 et le BN 800.

LA CHINE

46 réacteurs sont aujourd'hui en fonctionnement, pour une puissance totale de 49 GW; soit 5% de la production totale d'électricité qui est encore issue du charbon à 60%.
Deux EPR, construits sur licence de la France, ont été couplés au réseau en 2018 et 2019 et fonctionnent depuis parfaitement. Même chose pour trois AP 1000 sous licence américaine. 15 réacteurs sont en construction et d'autres sont à l'étude.
La principale motivation est la pollution de l'air. L'autre motivation tient à ce que les besoins du pays en énergie sont considérables alors qu'il ne dispose que de maigres ressources en charbon et en hydrocarbures.
Les objectifs à long terme du gouvernement ont été définis dans le plan 2014-2020. Pour le nucléaire, l'objectif était de 58 GW en fonctionnement et de 30 GW en construction en 2020. La Chine prévoit de lancer six nouveaux réacteurs chaque année.
La Chine est désormais autosuffisante pour ce qui est de la construction et de la conception de réacteurs tout en sachant tirer le meilleur des technologies étrangères.
Elle est très ambitieuse à l'exportation avec un réacteur Hualong en service au Pakistan et un autre en construction.
D'après les experts étrangers qui ont été appelés à coopérer avec les ingénieurs chinois, son principal atout est une centralisation bien maîtrisée et un sens de l'autorité.

LES ÉTATS-UNIS

Le nucléaire représente 20% de la production totale d'électricité du pays.
90 réacteurs sont aujourd'hui en fonctionnement, dont 54 sont des PWR.

Le pays est doté d'abondantes ressources en combustibles fossiles, du charbon mais aussi et, surtout, de pétrole et de gaz de roche mère, dits aussi de schistes.

Le nucléaire est aujourd'hui concurrencé par le gaz dont le prix avoisine 2-3 € le mmbtu (un baril équivaut à 5,5 mmbtu) au hub Henry. Ceci explique que certains réacteurs aient dû fermer, principalement pour des raisons économiques.

La politique énergétique est le fait de chacun des 50 États de l'Union. Certains États sont favorables à l'atome, d'autres y sont opposés, certains États ont libéralisé leur marché de l'énergie, d'autres continuent à le réguler.

Mais le gouvernement fédéral poursuit, sous l'égide du DOE (Department Of Energy), un important programme de recherche développement, notamment pour ce qui est de la fermeture du cycle.

La Nuclear Regulatory Commission – l'Autorité de sûreté américaine – a autorisé la plupart des réacteurs à eau sous pression en exploitation à prolonger cette exploitation jusqu'à 60 ans. Plusieurs réacteurs ont même obtenu une prolongation à 80 ans.

LE JAPON

Dès 2015, le gouvernement est revenu au nucléaire avec un objectif de 20% de nucléaire d'ici 2030. (Avant Fukushima, l'objectif était de 30% à cette même échéance.)

Aujourd'hui : 33 réacteurs opérationnels, 2 en construction et 27 définitivement arrêtés.

En 2014, le Japon avait décidé de participer au projet Astrid qui, à l'époque, avait pour objectif un réacteur rapide de 600 MW. En 2018, le Japon renonce à cette participation parce qu'il n'est plus intéressé par un projet ramené à 100 MW. Il annonce qu'il développera son propre projet de rapide.

LA CORÉE DU SUD

24 réacteurs sont en service, d'une capacité totale de 23 GWe. Avec un coefficient d'utilisation de 94,5%.

85% de l'énergie primaire est importée sous forme de combustibles fossiles.

En 2001, KEPCO, le monopole verticalement intégré, est découpé en 6 entités, la plus importante étant KHNP (Korean Hydro & Nuclear Power).

2015 : Le plan à long terme 2015-2019 prévoit la construction de 13 nouveaux réacteurs d'ici 2029, soit 5 de plus qu'il n'était prévu en 2013.

En 2001, Kepco a gagné, notamment contre EDF, un appel d'offres international pour une centrale de 5600 MW aux Émirats arabes unis. La construction a commencé en 2012 et la première des quatre unités a été connectée au réseau en avril 2021.

En 2017, le Président nouvellement élu annonce son intention d'abandonner le nucléaire d'ici 40 ans. Plusieurs réacteurs sont en construction.

L'INDE

L'Inde affiche un programme très ambitieux de développement de l'énergie nucléaire, avec notamment la construction de 6 réacteurs à Jaitapur.

L'EUROPE

La situation est contrastée, ce qui explique les ambiguïtés de la position de l'Union en matière de nucléaire (voir annexe 3). De plus, dans plusieurs pays, la situation n'est pas stabilisée.

La Suède et la Finlande

Ces deux pays sont dépourvus de ressources fossiles mais, surtout la Suède, dotés d'abondantes ressources hydrauliques.

La Suède : aujourd'hui, le nucléaire assure 40% du mix électrique, l'hydraulique 50%. En 1980, la Suède décidait par référendum de sortir du nucléaire. Cette politique de sortie pouvait se résumer ainsi :

Nous attendons qu'on nous ait démontré l'existence de solutions de remplacement réalistes avant d'abandonner le nucléaire. En conséquence de quoi, seuls deux anciens réacteurs situés en face du Danemark – Börseback 1&2 – ont été fermés. La hausse des prix qui suivit la fermeture de Börseback 2 a modifié du tout au tout l'opinion, et le Parlement suédois vient d'autoriser la construction d'un nouveau réacteur.

La Finlande : 4 réacteurs fournissent 30% de l'électricité du pays. Un cinquième est en cours de construction sous licence Framatome. La Finlande poursuit apparemment sans encombre son projet de stockage profond (voir annexe 7).

La Belgique

Le nucléaire représente, en 2021, 45% du mix électrique.

En 1999, la Commission Ampère propose de limiter à 40 ans la durée de vie des centrales et de bannir le retraitement.

En janvier 2003, le Sénat vote la limitation à 40 ans de la durée de vie des réacteurs et l'interdiction d'en construire de nouveaux, sauf si la sécurité d'approvisionnement était compromise.

En 2007 la Commission Énergie 2030 demande que la politique nucléaire soit réexaminée pour tenir compte des nouvelles exigences concernant la réduction des émissions de CO_2.

Le 20 novembre 2020, le Parlement décide l'abandon de l'énergie nucléaire d'ici 2025. Cette fois sans condition et sans qu'on sache par quoi cette énergie pilotable sera remplacée.

Les Pays-Bas

À la différence de leur voisin du sud, les Pays-Bas envisagent d'augmenter la part du nucléaire dans leur mix électrique. Le gaz représente 58% du mix électrique, mais les ressources nationales devraient être épuisées d'ici 2030. On y assiste donc à un retour en grâce du nucléaire.

L'Allemagne

L'abandon du nucléaire – qui représentait 20% du mix électrique en 2011 – d'ici fin 2022 se poursuit comme prévu et personne n'envisage que le pays revienne sur sa décision. L'hostilité au nucléaire s'étend aux pays voisins, notamment la France et aujourd'hui la Pologne.

L'Italie et l'Espagne

L'Italie a abandonné le nucléaire.
En Espagne, 7 réacteurs assurent quelque 20% du mix électrique. Le débat se poursuit sur la construction de nouveaux réacteurs

Le Royaume-Uni

Avec 15 réacteurs, le nucléaire représente 21% de la capacité électrique totale. La moitié de cette capacité – des AGR, Advanced Graphite Reactor – devrait avoir été arrêtée en 2025. Elle en représentait 25% à la fin des années 90.
2006 : Réexamen de la politique énergétique qui, jusque-là, était opposée au nucléaire. C'est le retour à une implication directe du gouvernement. EDF y construit deux EPR à Hinkley Point : un cfd (contrat pour différence) avec striking price à 92,50 livres/MWh. Mise en service industrielle prévue pour 2025/2026. Le gouvernement britannique envisage la construction de deux autres réacteurs au sud-est du pays.

La Hongrie

Le pays est déjà doté d'une centrale russe à Paks. Comme on l'a vu plus haut, la décision a été prise d'acheter 2x1,2 GW à la Russie pour MSI en 2026 et 2027. Budget annoncé : 12,5 Mrds€. Financement assuré à 80% par la Russie.

La République tchèque

6 réacteurs produisent le tiers de la consommation d'électricité du pays. Un gouvernement très engagé en faveur de l'énergie nucléaire.

La Lituanie

Elle a dû fermer en 2004 et 2009, sur la pression de l'Union européenne, ses 2 réacteurs nucléaires – de type RBMK – qui produisaient 70% de l'électricité du pays. Le pays souhaite s'affranchir de sa dépendance à l'égard de la Russie pour ce qui est de l'énergie. Elle ne voit donc pas d'un bon œil la centrale en construction à Ostrovets, de l'autre côté de la frontière avec la Biélorussie. Voici plusieurs années qu'elle négocie avec Hitachi.

La Slovaquie

4 réacteurs nucléaires représentent 50% de la consommation du pays. 2 réacteurs sont en construction. Comme la Tchéquie, ce pays est très engagé en faveur du nucléaire.

La Slovénie

La Slovénie partage avec la Croatie la centrale de Krsko, construite en Slovénie.

La Pologne

Ce pays dispose des plus grosses réserves de charbon d'Europe, mais d'un charbon de plus en plus coûteux à extraire. Les combustibles fossiles représentent 95% de la consommation primaire d'énergie. Gaz et produits pétroliers sont principalement importés de Russie.

Novembre 2018 : Le plan énergie prévoit la construction de 6 à 9 réacteurs nucléaires avec une première mise en service en 2033. Opposition de l'Allemagne.

La Bulgarie

2 réacteurs en fonctionnement produisent 30% de l'électricité du pays. La Bulgarie est favorable au nucléaire mais, depuis 1987, peine à concrétiser un projet de 2 réacteurs.

La Roumanie

2 réacteurs de type Candu fournissent 15 à 20% de l'électricité du pays.

L'Autriche et le Danemark

Ces deux pays sont opposés au nucléaire. Le premier est, comme on le sait, un véritable château d'eau ; le second peut compter sur la Norvège, un autre château d'eau, pays avec lequel il est lié par câbles et où il peut exporter ses excès d'éolien quand il en dispose et d'où il peut faire venir de l'hydroélectricité quand il en a besoin.

LES NOUVEAUX PROSPECTS D'EDF

L'industrie française est très présente à l'étranger. L'exportation est surtout le fait d'EDF et de ORANO, à la fois pour la construction sous licence de réacteurs ou d'usines, la vente de composants et l'assistance technique. Mais les sous-traitants sont également présents.
EDF suit donc avec attention la situation dans les pays ayant affiché des ambitions nucléaires comme on l'a vu plus haut. C'est le cas notamment de la République tchèque, de la Pologne, des Pays-Bas, de l'Inde et de la Grande-Bretagne.

ANNEXE 3
L'UNION EUROPÉENNE, LA COMMISSION EUROPÉENNE ET LE NUCLÉAIRE

Le traité de Lisbonne (décembre 2007) stipule que les États membres gardent la responsabilité de leur mix énergétique : la législation européenne « *n'affecte pas le droit d'un État membre de déterminer les conditions et l'exploitation de ses ressources énergétiques, son choix entre différentes sources et la structure générale de son approvisionnement énergétique* (art 194, al 2). »

Dans la réalité, il en va tout autrement. Et, comme on le verra, le nucléaire se heurte à une forte opposition tant au sein de la Commission que chez plusieurs États membres. Une situation d'autant plus paradoxale que le système électrique français obéit de manière exemplaire aux objectifs de la politique communautaire, à savoir la sécurité d'approvisionnement, la compétitivité de la fourniture, l'impératif climatique et qu'il devrait offrir un point d'application idéal pour le principe de subsidiarité.

NUCLÉAIRE ET DROIT DE LA CONCURRENCE

Ce « droit à choisir » est sérieusement encadré par le **droit de la concurrence** qui, on le sait, est de la compétence exclusive de la Commission, sous le contrôle de la Cour de justice de l'Union européenne. Cette responsabilité inclut celle d'accorder des dérogations.

C'est en 1990 – le 1er avril, dit *vesting day* – que le gouvernement anglais démantelait le *Central Electricity Governing Board,* monopole de l'électricité verticalement intégré qui employait deux fois plus d'agents qu'EDF pour un périmètre d'activité voisin et introduisait la concurrence dans les secteurs de la production et de la fourniture d'électricité. Depuis plusieurs années, le syndicat des mineurs, emmené par son bouillant secrétaire général Arthur Scargill, ne cessait d'enchaîner grève sur grève pour s'opposer au déclin des mines de charbon alors que le pays entrait dans une période de gaz abondant, celui de la mer du Nord. Cette révolution devait marquer le point de départ de la libéralisation des marchés de l'énergie dans l'Union européenne. C'était la « *mère de toutes les libéralisations* ».

L'INTRODUCTION DE LA CONCURRENCE AU ROYAUME-UNI

Un office de régulation de l'électricité (*Offer*) était créé avec Steve Littlechild comme premier directeur (*The Director*). L'office est indépendant : il réglemente l'acheminement (monopole naturel) et veille au bon fonctionnement du marché. En 1995, *The Director* tenait alors à ses interlocuteurs – dont l'auteur de ces lignes – le langage suivant : « *Le monopole verticalement intégré conduit à la surcapacité et ce sont les consommateurs qui,* in fine, *en assument le coût. Les systèmes verticalement intégrés sont sous la coupe d'ingénieurs qui ignorent les lois de l'économie et prétendent que l'électricité ne serait pas un bien économique comme les autres, comme les grains de blé ou les barres de cuivre. L'électricité, disent-ils, devrait donc être soustraite à la concurrence. Certes, ce monopole intégré est régulé, mais le régulateur se trouve, pour ce qui est de l'accès à l'information, entièrement dépendant du monopole qu'il est censé contrôler ; c'est la* regulatory capture. *Au marché le soin de choisir son mix énergétique. Une gouvernance centrale n'a pas compétence pour ce faire.* »

Il concluait : « *Je termine mon mandat dans 5 ans et je vais bientôt entamer mon second mandat qui se termine en 2000 ; mon successeur n'aura alors plus qu'à fermer la boutique.* »

Parallèlement, le gouvernement britannique distribuait largement des plaquettes expliquant les bénéfices que les consommateurs européens pourraient tirer de l'introduction de la concurrence dans le secteur de l'électricité. Comme l'expliquait savamment la London School of Economics, les bénéfices devaient se compter en dizaines de milliards de dollars. Depuis, les Anglais, avec le pragmatisme qu'on leur connaît, ont réintroduit une bonne dose de planification centrale.

Le 12 décembre 1996, la Commission fait approuver par le Conseil la directive soumettant l'électricité à la concurrence (pour le gaz, cela viendra un peu plus tard) sur le modèle anglais. La libéralisation se fera par étapes. C'est le *premier paquet énergie*.
En 2008, l'Union européenne adoptera son *deuxième paquet*, dit *Trois Fois Vingt* : 20% pour les renouvelables, 20% pour la baisse de la consommation d'énergie, 20% de réduction des émissions de gaz à effet de serre. Échéance 2020, l'année de référence étant 1990.
Une dérogation est alors accordée à l'éolien et au solaire au motif qu'il s'agissait là d'industries naissantes et qu'il était logique d'aider ces industries à devenir matures. Les promoteurs de ces énergies renouvelables affirment aujourd'hui que les coûts de production de l'éolien et du solaire ont connu et, surtout pour le solaire, continuent de connaître des baisses spectaculaires et qu'elles sont ainsi devenues concurrentielles avec le nucléaire et, par conséquent, matures. La politique de soutien aux renouvelables ne cesse de connaître de nouveaux développements, cette fois au nom de la lutte contre le changement climatique.
Un *troisième paquet* sera adopté en 2014 ; il traite essentiellement de la libéralisation des marchés de l'énergie.
Le *quatrième paquet, clean energy for all* de 2019, pas plus que les trois précédents, ne reconnaît le nucléaire comme contribuant à l'objectif climatique. L'objectif 2030 pour les renouvelables est passé à 32%.
Le 21 avril 2021, sur proposition de la Commission, l'Union européenne s'accorde pour réduire d'au moins 55% ses émissions de CO_2 d'ici 2030, au lieu de 40% précédemment. Un objectif totalement illusoire au dire de la plupart des observateurs et qui, de plus, ne s'appuie sur aucune étude d'impact. Et le 14 juillet 2021, la Commission proposait le *paquet climat*, aussi appelé *Fit for 55* ; pas moins de 12 textes sont mis sur la table, dont l'un vise 40% d'énergies renouvelables d'ici 2030, au lieu de 32% précédemment.
La Commission se donnait ainsi – par le biais de dérogations au droit de la concurrence – compétence en matière d'énergies

renouvelables intermittentes et ainsi, indirectement, en matière d'énergie d'électrique.
Les conséquences pour EDF sont considérables. En effet, la concurrence, du moins la façon dont elle a été introduite, n'est pas adaptée au financement de projets aussi lourds que le nucléaire (10 ans minimum pour décider et construire, 60/80 pour l'exploitation, 10 ans au moins pour le démantèlement). Le prix de marché – en l'occurrence le coût marginal du réacteur le plus cher permettant d'équilibrer le marché – n'est, de toute évidence, pas à même de remplir la deuxième fonction d'un marché qui consiste à servir de « signal » aux investisseurs.

EURATOM ET LE PROGRAMME INDICATIF NUCLÉAIRE DE LA COMMISSION - PINC (NUCLEAR ILLUSTRATIV PROGRAMME OF THE COMMISSION)

Le Traité Euratom a été ratifié en 1957 en même temps que le traité créant la Communauté économique européenne (CEE-EEC). Tandis que la CEE est devenue l'Union européenne, Euratom est toujours en vigueur. En 1965, pour des raisons budgétaires, l'exécutif d'Euratom a été fusionné avec celui de l'Union.
Ce traité vise notamment la formation et la croissance rapide des industries nucléaires au sein des pays signataires en en facilitant les investissements. Les signataires cherchaient alors à limiter leur dépendance énergétique, notamment après la crise de Suez de 1956.

Le PINC : ce programme répond à une obligation imposée par l'article 40 du traité Euratom. La dernière mise à jour date d'avril 2016 ; c'est aussi la première après l'accident de Fukushima.
Rédigé par la Commission, il est fondé sur l'analyse de données publiquement disponibles et d'informations reçues des États membres et des parties concernées (réunions et questionnaires), y compris celles concernant les projets d'accords ou de convention

avec un État tiers. La Commission peut alors adresser ses observations à l'État concerné. Les États membres ont notamment dû prendre en compte un nombre croissant d'exigences d'Euratom, telles celles contenues dans la directive sur les déchets nucléaires de 2011.

LA NOUVELLE COMMISSION, LE NUCLÉAIRE ET LE *GREENDEAL*

Le *Greendeal* – pacte vert pour l'Europe – est une initiative de la nouvelle Commission européenne, présidée par Ursula von der Leyen qui est entrée en fonction fin 2019. Il groupe un ensemble de mesures dont l'objectif final est d'atteindre la neutralité carbone d'ici 2050. La question est de savoir quel sort ce Greendeal va faire au nucléaire et au gaz.

Le Greendeal comporte trois piliers :

- Un pilier environnemental, qui implique la révision des objectifs de réduction des émissions de gaz à effet de serre (de 40% à 50% d'ici à 2030) et la neutralité carbone en 2050.
- Un pilier social, qui passe par le soutien financier et l'accompagnement des régions de l'Union Européenne encore fortement dépendantes d'activités minières dans leur transition.
- **Un pilier économique, avec la mise en place de politiques et d'instruments financiers pour financer la transition énergétique des différents secteurs d'activité.**

Le nucléaire est concerné par le troisième pilier, celui qui traite du financement. La *neutralité technologique* – autre grand principe censé guider la Commission – impliquerait que toutes les technologies bas-carbone aient le même accès au financement. Qu'en est-il ?

Mi-décembre 2019, le Conseil européen avait décidé, sous la pression de la Hongrie, de la Tchéquie et de la France, de ne pas exclure par principe le nucléaire des énergies pouvant faire l'objet de financements *verts* – c'est-à-dire privilégiés par la BEI – afin d'atteindre l'objectif de neutralité carbone en 2050 que s'est donné l'Union européenne.

Mais le 9 mars 2020, un groupe d'experts (TEG, Technical Expert Group) mandaté par la Commission, issus de la société civile, du monde universitaire, des entreprises et du monde financier, a rendu ses conclusions sur la *taxonomie verte*, une liste d'activités génératrices de bénéfices environnementaux. Le but de cette taxonomie est de définir les technologies qui devraient être considérées comme satisfaisant au critère DNSH (Do Not Significant Harm), afin de faciliter leur financement. Pour ces experts, « ... *en ce qui concerne la gestion des déchets de haute activité, une combinaison de stockage temporaire et d'élimination permanente dans des strates géologiques est la plus prometteuse, mais nulle part dans le monde un dépôt souterrain viable et à long terme n'a été établi.* »

Le groupe d'experts n'a donc pas recommandé l'inclusion de l'énergie nucléaire[22] dans la taxonomie à ce stade.

Pour autant, cet avis est consultatif et peut être modifié d'ici la publication de la réglementation, alors attendue pour la fin 2020. Pour sa part, le Parlement européen avait adopté le 18 janvier 2020 une résolution dans laquelle aucun rôle n'est reconnu à l'énergie nucléaire. Le 12 mars, six ministres de l'Environnement de l'Union – Luxembourg, Lituanie, Autriche, Irlande, Espagne et, surtout pour l'observateur extérieur, Danemark – demandent à la Commission d'étudier un scénario 100% renouvelables pour 2050.

Le 15 avril 2020, le Conseil européen adopte – sans que le représentant français n'exprime de réserve – le règlement qui devait initialement être adopté à la fin de l'année 2020. Le nucléaire ne fait pas partie des technologies retenues dans la taxonomie, au motif qu'elle ne satisfait pas au critère DSNH. Le gaz non plus, malgré la pression allemande qui insiste pour que le gaz soit considéré comme une *énergie de transition*. Ce règlement a été adopté par le Parlement le 18 juin 2020. Mais ce

22. En 2017, l'année la plus récente décrite par le service statistique de l'UE, la production nette d'électricité a été d'environ 2850 TWh. Le nucléaire a fourni 786 TWh , soit 27,6%. L'éolien est loin derrière : 346 TWh soit 12,2%, l'hydraulique avec 320 TWh à 11,2% et le solaire 97 TWh, soit 3,4%.

n'est pas la fin de l'histoire, car un tel règlement doit être validé à la fois par le Conseil, la Commission et le Parlement.

À la fin de l'année 2020, la Commission – dans son rôle de gardienne des Traités européens, notamment Euratom – mandate le Centre commun de recherche (CCR) pour évaluer la possibilité d'intégrer le nucléaire dans la taxonomie. Le 30 mars 2021, le CCR répond que « *les analyses n'ont révélé aucune preuve scientifique que l'énergie nucléaire est plus dommageable pour la santé humaine et l'environnement que d'autres technologies de production d'électricité déjà incluses dans la taxonomie comme activités soutenant le changement climatique.* »

Le 19 mars 2021, sept chefs d'État européens, menés par le Président français, appellent la Commission à arrêter de faire obstacle à l'énergie nucléaire et à considérer la possibilité de l'inclure dans le règlement *taxonomie verte.*

L'avis du CCR a, à son tour, été soumis à deux groupes d'experts indépendants – le groupe d'experts sur la radioprotection et la gestion des déchets (institué au titre du traité Euratom) et le comité scientifique des risques sanitaires, environnementaux et émergents (SCHEER) – qui se sont prononcés fin juin. Le premier rejoint les conclusions du CCR ; le second estime que le rapport du CCR est incomplet et va jusqu'à qualifier de simplistes certains raisonnements du CCR.

L'avis du CCR a été violemment contesté par les États opposés au nucléaire comme l'Allemagne, l'Autriche, le Danemark et le Luxembourg qui ont écrit en ce sens à la Commission.

Du coup, la Commission décide qu'elle ne proposera de décision concernant le nucléaire et le gaz – un acte délégué – qu'au dernier trimestre 2021. L'acte délégué est considéré comme adopté si le Conseil et le Parlement ne s'y opposent pas dans les deux mois. Le Parlement statue à la majorité de ses membres (353 voix sur 705), le Conseil à la majorité qualifiée (55% des États membres représentant 65% de la population européenne). Au Conseil, le poids de la Belgique sera déterminant.

Le nucléaire, aujourd'hui la première source d'électricité non carbonée européenne, risque donc de ne pas avoir sa place dans la politique Énergie-Climat de l'Union, et l'objectif de l'Union, la neutralité carbone, a toutes les chances de ne pas être atteint en 2050.

L'enjeu est majeur, car le fait pour une technologie de ne pas satisfaire au critère DNSH la priverait non seulement de financements européens mais également d'aides d'État.

ANNEXE 4

L'ALLEMAGNE, MODÈLE OU EXPÉRIMENTATION ?

Abandon du nucléaire, recours massif aux énergies renouvelables, essentiellement éolien et solaire... la politique de l'énergie allemande suscite beaucoup d'intérêt de la part des partisans de l'abandon du nucléaire de ce côté-ci du Rhin.

La structure du système électrique allemand est, précisons-le en introduction, très différente de celle du système français. Les 16 *Länder* disposent d'une beaucoup plus grande autonomie qu'en France, au point qu'on peut dire qu'il y a en Allemagne non pas une politique de l'énergie mais plutôt 17 (1+16). Il y a 4 réseaux de transport de l'électricité et quelque 700 distributeurs d'électricité (les *Werkstätte*). Ce à quoi il faut ajouter l'insuffisance des liaisons THT nord-sud.

Et puis, bien sûr, l'Allemagne dispose de moyens financiers bien supérieurs à ceux de la France et de ressources importantes de charbon et de lignite.

BILAN 2019

La production

La production brute a baissé de 5% par rapport à 2018 tandis que la consommation nationale recule de 2%.

La part des énergies fossiles dans le mix électrique s'établit à 48%, soit une baisse de 15% par rapport à 2018. Mais, d'après *Agoraenergiewende*, c'est d'abord du fait de la douceur de l'hiver.

Les émissions de GES ont baissé de 6,3% par rapport à 2018 et de 35,7% par rapport à 1990. Mais le choix de l'année de 1990 comme année de référence est très favorable à l'Allemagne puisque la réunification a eu lieu d'octobre 1988 à octobre 1989, précédant l'effondrement de l'industrie lourde de l'ex-Allemagne de l'Est.

Comme on peut le constater sur le tableau ci-dessus, les renouvelables auront produit autant d'électricité que charbon + lignite en 2019.

	France (538 TWh)	Allemagne (574 TWh)
ENR	21,5%	41,0%
Nucléaire	70,6%	13,0%
Charbon/lignite	0,3%	24,0%
Gaz	7,2%	18,0%
Fioul	0,4%	4,0%

Le premier trimestre 2020 a vu les renouvelables l'emporter sur les combustibles fossiles.

LA CAPACITÉ DE PRODUCTION

La capacité renouvelable est désormais supérieure à la capacité pilotable. L'Allemagne se paye ainsi le luxe de deux parcs. C'est en quelque sorte la double peine pour le consommateur/contribuable. L'augmentation de la capacité renouvelable n'a en rien fait baisser le besoin en capacité pilotable.

La figure ci-dessous compare les capacités en France et en Allemagne.

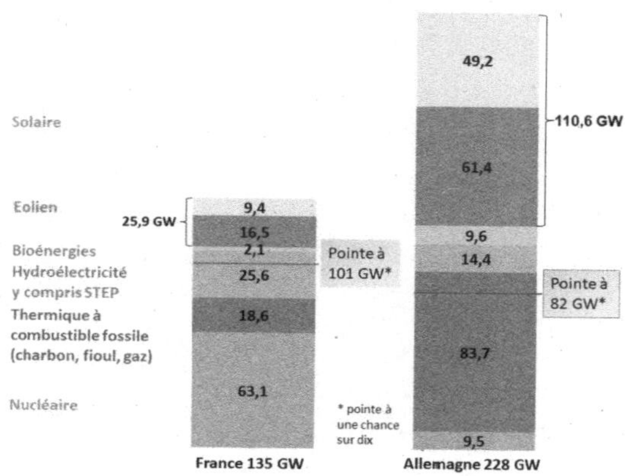

L'ENERGIEWENDE

En 2000, la première loi sur les énergies renouvelables entre en vigueur (EEG - *Erneuerbare Energie Gesetz*). Elle a pour principal objet de créer un cadre favorable à la production d'électricité d'origine renouvelable grâce à un tarif d'achat garanti pour 20 ans et à l'obligation d'achat par les gestionnaires de réseaux. (En France, l'obligation d'achat est le fait d'EDF et de quelques sociétés locales de distribution.) Cette loi a fait l'objet d'adaptations régulières, la principale d'entre elles introduisant la procédure d'appels d'offres (2017).

En 2002, le chancelier Schroeder fit adopter la loi atomique 2002 (*Atom Gesetz*) qui stipule l'abandon du nucléaire (soit 20 GW de capacité) d'ici fin 2022. Sans aucune concertation avec la France et les autres membres de l'Union. À chaque réacteur est attribué, exprimé en Térawattheures, un quota restant à produire. Au total, les réacteurs avaient un droit à produire de 2623 TWh à compter du 1er janvier 2000 et avant fin 2022.

En juillet 2003, Jürgen Trittin, ministre chargé de l'Environnement dans le gouvernement Schroeder, pouvait déclarer : « *Die Energiewende sollte dem Verbraucher nicht mehr als ein Kugel Eis pro Monat kosten.* (*La nouvelle politique énergétique ne devrait pas coûter au consommateur allemand plus d'un cornet de glace par mois.*)

En octobre 2004, alors qu'elle était encore dans l'opposition, Angela Merkel déclarait : « *Auf die Dauer gibt es so viele Profiteure der Windenergie dass Sie keine Mehrheiten mehr finden, um das noch einzuschränken.* (*Sur le long terme, il y aura tellement de bénéficiaires de l'énergie éolienne que vous ne trouverez pas de majorité pour y mettre le holà.*)

En 2005, dès son arrivée au pouvoir, la nouvelle chancelière annonce son intention de repousser la date de production du dernier kWh nucléaire à 2035 et une nouvelle loi atomique qui octroie au parc nucléaire 1804 TWh supplémentaires. Une loi fort peu populaire.

En 2011, après Fukushima, elle décide la *fermeture immédiate de 8 réacteurs et le retour à l'échéance de 2022* pour la production du dernier kWh nucléaire. Le schéma ci-dessous résume la situation.

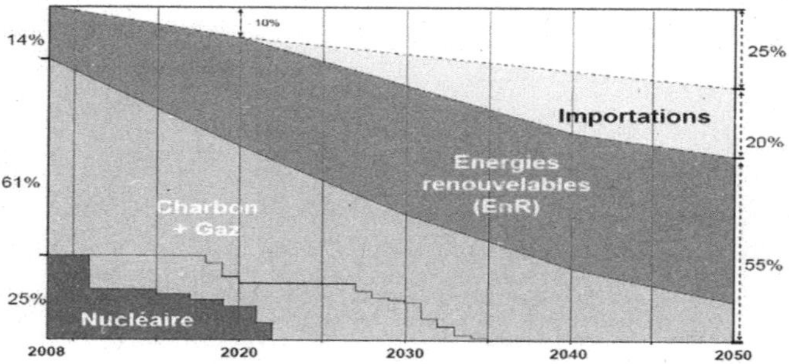

En avril 2016, mandatée par le gouvernement, la Commission KFK évaluait le coût total de la sortie du nucléaire à 48,8 milliards €, montant qui ne comprend ni le remplacement de la production nucléaire par de nouveaux centres de production d'électricité ni la réorganisation du réseau électrique. Selon la loi atomique, il appartient aux exploitants de supporter les coûts de la sortie du nucléaire.

S'agissant des déchets de haute activité, le site de Gorleben, un dôme de sel en exploration depuis 1978, a finalement été abandonné et une loi de 2017 décrit un nouveau processus de décision dont le but est de fixer définitivement un site à horizon 2030.

L'abandon du nucléaire se poursuit comme prévu et il est peu probable que les Allemands reviennent sur leur décision tant est profonde leur aversion pour le nucléaire.

Une étude récente du professeur Haucap (Université de Düsseldorf, 2017) sur le coût de l'*Energiewende* – ce qui va très au-delà de la facture qui sera supportée par les électriciens : « *Tout compris, l'Energiewende aura coûté 520 milliards € d'ici 2025. Chiffre contesté par le gouvernement fédéral, mais sans que celui-ci propose une autre méthode.* » Chiffre cohérent avec les 1000 milliards avancés il y a quelques années par Peter Altmaier d'ici 2050.

Une des raisons de ce coût tient à ce que l'Allemagne a deux parcs électriques : un parc ENR – 125 GW dont 106 d'intermittentes – et un parc pilotable – 103 GW (fin 2019).

Le bilan de l'Allemagne en matière d'émissions de CO_2 n'est pas brillant. Notons toutefois que les émissions du secteur électrique ont baissé de presque 30% en 2019 (224 Mt de CO_2) par rapport à 2010.

L'ALLEMAGNE ET LA FRANCE

Coûts comparés de l'électricité

Le prix de l'électricité pour les ménages allemands continue d'être parmi les plus chers d'Europe.

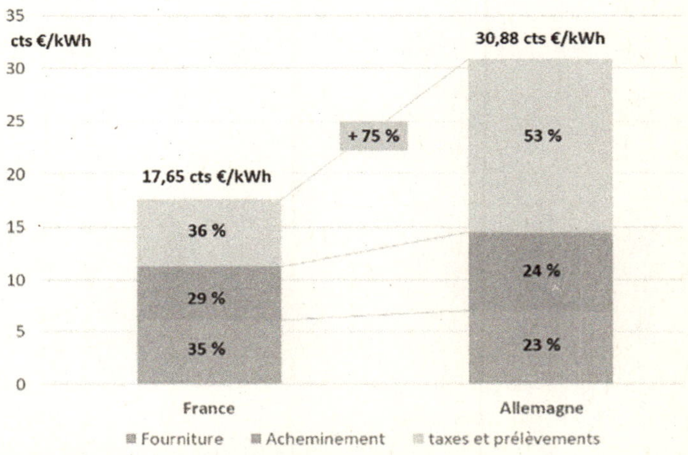

Composants des prix de l'électricité pour client résidentiel
2 500 kWh < Consommation < 5 000 kWh au premier semestre 2019

Cela dit, la facture électrique du ménage allemand est du même ordre que celle du ménage français tandis que sa facture énergie n'est que de 15% supérieure à celle du ménage français.

L'Allemagne et le nucléaire français

La couverture du *Spiegel* du 1er septembre 1986, reproduite ci-dessous, résume bien l'attitude des Allemands vis-à-vis du nucléaire français, comme d'ailleurs celle de ses autres voisins.

Les Allemands ont longtemps milité pour la fermeture de Fessenheim. Leur principale cible est aujourd'hui la centrale de Cattenom.

L'*ENERGIEWENDE* ET LE CLIMAT

En octobre 2019, le gouvernement adopte le Klimaschutzprogram 2030. Selon diverses hypothèses, notamment les besoins en hydrogène, la production annuelle d'électricité d'origine éolienne se situerait entre 470 et 750 TWh – soit 4 à 6 fois la production de 2019 – celle de l'éolien marin entre 180 et 250 TWh.

DERNIERS DÉVELOPPEMENTS

Une nouvelle loi de soutien aux ENR

Le 23 septembre 2020, le gouvernement allemand décidait de plafonner à 65 €/MWh l'Umlage 2021 et de le compléter par une subvention de 10,80 €/MWh à prélever sur le produit de la taxe carbone. Le soutien aux ENR intermittentes dépasserait ainsi 26 Mrds €. Ce à quoi il convient d'ajouter 3,95 €/MWh pour le soutien au développement des réseaux off-shore.

Les objectifs 2030 pour les ENRi sont désormais :

En part du mix électrique : 65%

En capacité :

100 GW pour le solaire

71 GW pour l'éolien terrestre

20 GW pour l'éolien maritime

Soit un total de 191 GW, à comparer au 116 de 2019.

Un plan ambitieux pour le développement d'une économie de l'hydrogène

Le 10 juin 2020, le gouvernement allemand adopte un plan de 9 milliards € pour le développement d'une économie de l'hydrogène. Sur le papier, c'est la promesse d'une énergie neutre en carbone, renouvelable et stockable, le chaînon manquant vers le tout renouvelable.

Une sortie du charbon... lente !

Le charbon conduit à des émissions de 0,820 kg de CO_2/kWh, le lignite 1 kg de CO_2/kWh, le gaz 0,490 kg de CO_2/kWh auquel il faut ajouter une quantité substantielle – et mal connue – de méthane. Le GIEC donne 11 ou 12 g de CO_2 pour le kWh d'éolien et de nucléaire, 41 à 48 g pour le solaire.

Le 6 juin 2018, le gouvernement fédéral crée la Commission Charbon chargée d'étudier la fin du charbon et du lignite pour la production d'électricité. Elle rendit son rapport en janvier 2019.

Le 29 janvier 2020, le cabinet fédéral approuve un projet de loi donnant l'année 2038 pour la sortie du charbon.

« Jetzt wird die Energiewende zur Gefahr für ganz Deutschland »

Tel est le titre d'un rapport publié en mars 2021 par la Cour des comptes fédérale (CDCF) : *Le tournant énergétique devient un danger pour l'Allemagne.* Les questions soulevées sont exactement les mêmes qu'en France : quelle demande future, quelle flexibilité pour faire face à l'intermittence des ENR, quelle acceptabilité pour les ENR et les développements du réseau, des prix élevés pour l'électricité...

Quelle sécurité d'approvisionnement ?

Les deux piliers de la production d'électricité pilotable seront supprimés dans les années à venir avec l'abandon progressif de la production d'électricité du charbon/lignite qui s'est ajouté en 2020 à celui du nucléaire.

L'Allemagne perdra d'un coup 20 GW de moyens pilotables entre fin 2019 et fin 2022, y compris le nucléaire. À l'horizon 2038, il lui faudrait remplacer plus de 50 GW de moyens pilotables par rapport à fin 2019, soit la moitié de la capacité pilotable.

Au vu de cette transformation, des défis majeurs se manifesteront pour le maintien de la sécurité d'approvisionnement en Allemagne et en Europe. La question est de savoir si l'Allemagne sera capable de satisfaire ses besoins d'électricité dans toutes les situations qui se présentent et dans quelle mesure elle peut compter sur ses voisins, par exemple en cas d'épisodes prolongés de perte d'éolien et de solaire (les *Dunkelflaute*) et de demande accrue comme ce peut être le cas en fin ou en début d'année.

L'Agence fédérale des réseaux, qui coordonne l'activité des quatre réseaux de transport, sera chargée à partir de 2021 de surveiller en continu la garantie d'approvisionnement.

Selon la fédération allemande du secteur de l'énergie et de l'eau (BDEW), il faudrait construire environ 17 GW de centrales à cogénération au gaz d'ici 2030 pour garantir la sécurité d'approvisionnement en électricité et en chaleur.

D'où la question du financement de ces nouvelles capacités : quel pourrait être le facteur de charge dont devraient se contenter de futurs investisseurs ? En 2019, le facteur de charge (FC) des moyens pilotables a été de 52%. Même chose pour le premier semestre 2020. La poursuite du développement des sources intermittentes devrait en toute logique conduire à une baisse de ce FC. Aussi le BDEW ne cesse-t-il de demander au gouvernement de se prononcer sur les incitations qu'il accordera à ces futurs investisseurs.

ANNEXE 5

L'ÉLECTRICITÉ ET LES NOUVEAUX ÉLÉMENTS DE LANGAGE

On assiste aujourd'hui à un développement rapide des énergies renouvelables électriques – essentiellement l'éolien et le solaire – puisque les perspectives de développement de l'hydraulique sont, dans notre pays, limitées. Dans le même temps, on assiste à l'émergence de nouveaux éléments de langage que nous nous proposons de décrypter avec trois exemples :

- Nucléaire et ENRi (intermittentes) sont complémentaires.
- Les ENRi ont atteint ou sont sur le point d'atteindre la « parité réseau ».
- Éolien et solaire sont des sources d'énergie « variables ».

COMPLÉMENTARITÉ

Le discours officiel (ministère, EDF, CEAA, etc.) affirme qu'il y a complémentarité entre les sources d'énergie électrique que sont le nucléaire et les renouvelables – ici intermittentes. La *Revue Générale Nucléaire* a même consacré un numéro spécial à ladite complémentarité pour en montrer les avantages.

La stratégie d'EDF-CAP 2030, publiée à l'automne 2016, s'inscrit dans la même ligne : *Rééquilibrer le mix de production en accélérant le développement des énergies renouvelables, en garantissant la sûreté et la performance du nucléaire existant et du nouveau nucléaire.*

Rappelons tout d'abord que deux biens économiques sont complémentaires s'ils satisfont le même besoin et peuvent se substituer l'un à l'autre en cas de défaillance de l'un d'eux. Ainsi les réacteurs nucléaires sont bien complémentaires les uns des autres dans la mesure où la mise à l'arrêt d'un réacteur peut être immédiatement compensée par une augmentation de la puissance fournie par le reste du parc. De même, en fonction du vent et du soleil, le nucléaire pourra faire varier sa puissance et ainsi pallier les conséquences de l'intermittence.

En effet, la moitié des réacteurs nucléaires français aujourd'hui en exploitation disposent d'importantes capacités de fonctionnement en régime flexible. Ces réacteurs sont capables d'ajuster en 30 minutes, jusqu'à 80% à la hausse comme à la baisse, la puissance qu'ils fournissent.

Ils peuvent ainsi s'adapter à une consommation d'électricité variable suivant les jours et suivant les heures de la journée. Cette flexibilité facilite également l'intégration d'une quantité croissante d'énergies renouvelables intermittentes dans le réseau.

En fait, la complémentarité ne joue que dans un sens : le nucléaire est effectivement complémentaire de l'éolien et du solaire, comme le sont l'hydraulique et le thermique à flamme (CTF). L'hydraulique ayant en France un potentiel de développement limité et les CTF ayant vocation à disparaître, il ne reste plus que les effacements, les importations et le nucléaire.

Mais éolien et solaire ne sont en aucune manière complémentaires du nucléaire. C'est ce que tout un chacun peut constater en consultant les statistiques de production les jours de grand vent et de beau temps. On voit bien comment les sources intermittentes – qui ont priorité d'accès au réseau – peuvent alors conduire à une baisse de la production nucléaire. C'est *l'effet d'éviction*. Évoquer la complémentarité pour justifier le développement des ENRi au rythme que nous vivons aujourd'hui ne peut conduire qu'à de graves malentendus.

Exemple : entre le 27 et le 28 mars 2020, pour « faire de la place » à l'éolien et au photovoltaïque, le nucléaire a dû passer de 40 à 30 GW, puis remonter dans la soirée du 28 de 6 GW et s'effacer de nouveau le 29 mars de 9 GW, soit une baisse de 14 GW cumulés en 24 heures.

Essayons maintenant de nous projeter dans l'avenir. Ce qui est difficile, mais nécessaire dans un domaine où les investissements sont lourds et ne se rentabilisent que sur le long terme.

Les ENRi ont représenté en 2020 quelque 9% du mix électrique. Elles sont tout juste en train de sortir de l'épaisseur du trait. En 2028, elles devraient selon la PPE représenter 15%, et en 2035 40%. En 2019, les ENRi ont représenté plus de 40% du mix électrique allemand. Dans ce pays, lorsque la demande est faible et qu'il y a du vent et du soleil, les propriétaires d'éoliennes peuvent être obligés de déconnecter leurs machines – tout en restant rémunérés pour l'électricité qu'ils n'ont pas pu vendre –, cela pour éviter que les prix de marché ne deviennent négatifs.

Dans le « *cahier d'acteur* » qu'EDF a remis à la CNDP à l'occasion de consultations organisées à propos du projet de PPE, on peut lire notamment : « *À l'horizon de la PPE 2028, la montée en puissance des renouvelables se combine à ce parc nucléaire, flexible, pour donner un ensemble qui trouve sa place sur le marché européen de l'électricité,* ***sans effet d'éviction entre nucléaire et renouvelables.*** »

Comprenne qui pourra !

LA PARITÉ RÉSEAU

Le coût de production de l'électricité éolienne et solaire baisse effectivement de façon spectaculaire. Les promoteurs de ces énergies proclament ainsi que ces énergies ont atteint la « parité réseau », en d'autres termes qu'elles reviennent moins cher que le nucléaire et que, par conséquent, elles sont prêtes à prendre la relève du nucléaire. L'argument est repris par de nombreux journalistes qui, par exemple, lors de l'inauguration d'un nouveau parc éolien ou d'une nouvelle ferme solaire, n'hésitent pas à calculer le nombre de ménages dont la nouvelle installation permettrait de satisfaire les besoins, en divisant le productible annuel par la consommation moyenne d'un ménage. Ce qui donne des appréciations du genre « *tel parc éolien produira pendant 25 ans l'équivalent de la consommation annuelle d'une ville de 22 000 habitants* ». Ce qui devrait compter ici, c'est le coût total pour le système électrique. Le kWh disponible quand il y a du vent et/ou du soleil ne saurait être comparé avec le kWh disponible quand le consommateur en a besoin.

Bien sûr, le jour où des moyens de stockage de l'électricité qui soient à l'échelle des problèmes auront été développés à des coûts raisonnables, les arguments ci-dessus tomberont d'eux-mêmes. Ce n'est le cas, ni aujourd'hui ni dans un avenir prévisible.

VARIABILITÉ

Partant du fait que la demande est variable et que les gestionnaires de réseaux ont déjà une longue expérience de l'équilibrage de l'offre et de la demande, les promoteurs de sources intermittentes arguent que les sources intermittentes sont variables comme peut l'être la demande et que, par conséquent, l'injection de leurs électrons dans le réseau ne devrait pas poser de problème particulier.

En fait, les ordres de grandeur ne sont pas les mêmes, les variations de la production intermittente sont beaucoup plus amples et brutales que celles de la demande.

ANNEXE 6

LES GÉNÉRATIONS DE RÉACTEURS NUCLÉAIRES

L'ÉNERGIE NUCLÉAIRE, QU'EST-CE QUE C'EST ?

L'énergie nucléaire est l'énergie de liaison[23] des constituants du noyau des atomes. Ce noyau est un assemblage de protons à charges électriques positives et de neutrons sans charge ; protons et neutrons sont très fortement liés malgré la répulsion électrique entre protons. Le noyau est extrêmement compact, 100 000 fois plus petit que l'atome lui-même. Autour des noyaux gravitent des électrons.

C'est le nombre de protons qui détermine la nature chimique de l'atome. Ainsi, tous les atomes d'uranium ont 92 protons. L'uranium 238 comprend en outre 146 neutrons, l'uranium 235, 143 ; ce sont des isotopes de l'uranium. L'uranium naturel est composé de 99,3% d'U 238 et de 0,7% d'U 235.

Dans les atomes lourds, certains noyaux peuvent devenir instables et se rompre en libérant une partie de leur énergie de liaison. La force de cohésion qui maintient ensemble protons et neutrons n'est plus suffisante. L'atome va chercher à se stabiliser en se désintégrant et en expulsant une énergie considérable sous forme de particules et d'énergie cinétique, c'est-à-dire de chaleur. C'est la *fission de l'atome*. La fission de certains noyaux lourds, dits fissiles, peut être artificiellement provoquée. L'uranium 235 par exemple fissionne lorsqu'il est bombardé par un neutron ; c'est le seul élément fissile naturel sur la planète Terre.

Dans les atomes très légers, au contraire, deux noyaux peuvent se fondre pour former un atome plus lourd mais plus stable en dégageant une énergie considérable. C'est la *fusion*, par exemple de noyaux d'hydrogène en noyaux d'hélium. Ce livre ne traite que de la fission qui est aujourd'hui opérationnelle dans de nombreux pays.

23. C'est-à-dire l'énergie nécessaire pour dissocier un système de particules en interaction.

On n'y traite donc pas de la fusion qui en est encore au stade de la recherche (notamment ITER à Cadarache). La production industrielle d'électricité par fusion n'est pas envisageable avant la fin du siècle.
La *fission* consiste donc à casser des noyaux lourds, comme ceux de l'uranium 235. Ces noyaux sont ainsi cassés par un neutron mais, pour l'uranium 235, ce neutron doit être préférentiellement « lent » ou « thermique ». La fission de l'uranium 235 se traduit par l'émission de produits de fissions radioactifs et, typiquement, de deux ou trois neutrons « rapides » que, dans un réacteur à eau pressurisée (REP) – PWR, Pressurized Water Reactor –, il va falloir ralentir pour qu'une réaction en chaîne puisse se développer. Pour sa part, l'uranium 238 peut absorber un neutron rapide pour se transformer en plutonium 239, lui-même fissile ; il est dit *fertile*.
Un réacteur à neutrons thermiques devra comprendre un modérateur – graphite, eau lourde ou eau légère – qui ralentira les neutrons rapides avant qu'ils ne soient en mesure de venir casser les noyaux d'uranium 235. L'eau sert de caloporteur, comme peut l'être également le gaz.
Dans un réacteur rapide, les neutrons ne sont pas ralentis ; ce réacteur est généralement refroidi par un fluide caloporteur qui peut être du sodium ou un alliage eutectique plomb-bismuth ; une autre différence fondamentale tient à la composition du combustible qui comprend non seulement de l'uranium 238, lui-même fertile comme dit plus haut, mais aussi du plutonium 239 issu de l'uranium 238.

LES RÉACTEURS À EAU LÉGÈRE

Il existe principalement deux filières de réacteurs à eau légère : le réacteur à eau pressurisée (REP) et le réacteur à eau bouillante. Nous ne traiterons donc que des REP qui composent le parc français ; ce sont aussi les plus répandus de par le monde.

Un REP-PWR comprend *trois circuits* que l'on peut distinguer sur le schéma :

Principe des Réacteurs à Eau Pressurisée (REP)

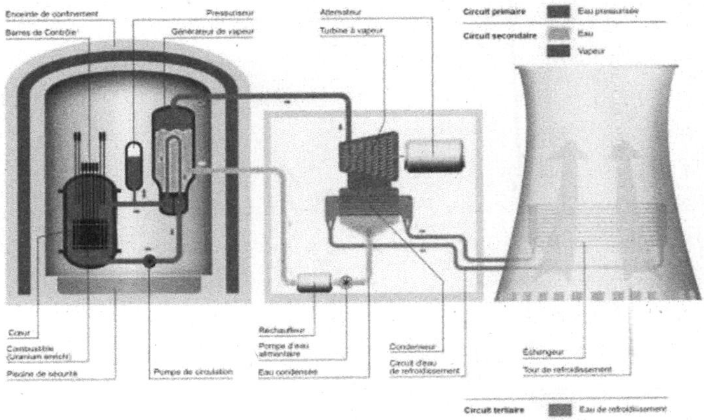

Un *circuit primaire*. L'eau sert à la fois de modérateur et de fluide caloporteur. Elle est maintenue à haute pression (dans les modèles les plus récents : 155 bars ; 292 degrés à l'entrée, 330 à la sortie de la cuve), ce qui lui permet de rester à l'état liquide.

Cette eau primaire passe alors dans un générateur de vapeur dans lequel elle transmet sa chaleur au *circuit secondaire* d'où elle sort sous forme de vapeur, à 72 bars dans les modèles les plus récents et à 55 bars dans les modèles les plus anciens. Cette vapeur sous haute pression est alors détendue dans une turbine qui actionne un alternateur ; c'est la partie classique du réacteur.

Dans la majorité des centrales situées au bord d'un fleuve ou au bord de la mer, la chaleur résiduelle du circuit secondaire est transférée à un *circuit tertiaire* qui utilise la source froide naturelle que constitue l'eau de la mer ou du fleuve. Ailleurs, ce sont les tours de réfrigération.

- **Le bâtiment réacteur** : les éléments combustibles sont composés de pastilles d'uranium naturel enrichi en U 235 qui, seul, est fissile. Le taux d'enrichissement est compris entre 3,5 et 5%, ce qu'il faut pour que la réaction de fission puisse démarrer et s'entretenir.

Ces éléments combustibles sont gainés de zircaloy. Celui-ci constitue la *première barrière de confinement* des produits de fission. L'enveloppe du circuit primaire – une cuve en acier – constitue une *deuxième barrière*. L'enceinte, en béton (enceinte doublée sur les modèles les plus récents et sur l'EPR de Flamanville en construction) constitue une *troisième barrière*.

- **Le bâtiment combustible** : il est accolé au bâtiment réacteur. La partie principale de ce bâtiment est la piscine de désactivation dans laquelle on entrepose le combustible usé avant son évacuation.
- **La salle des machines** : on y retrouve la partie secondaire du réacteur : turbo-alternateur, condenseur, pompes... comme dans toute chaudière.
- **Sûreté** : à tout moment, la réaction en chaîne doit être maîtrisée afin de contrôler la puissance du réacteur en plus ou en moins. La puissance thermique du réacteur est principalement produite par la fission des atomes d'uranium 235 fissile (90%). Le reste est dégagé par les produits de la fission radioactifs (moins de 10%) qui émettent de la chaleur avant de trouver un état stable.

On modifie la puissance du réacteur en augmentant ou en diminuant le nombre de neutrons participant à la réaction en chaîne. Ce qui peut se faire de deux manières : la modération et la capture. La capture peut être effectuée par l'ajout d'acide borique dans l'eau du circuit primaire. En capturant les neutrons rapides issus des fissions, on empêche ceux-ci d'entretenir la réaction en chaîne. Les barres de contrôle, également neutrophages, peuvent être insérées ou retirées dans le réacteur afin de capturer plus ou moins de neutrons. Un arrêt automatique est provoqué par la chute de ces barres de contrôle.

L'augmentation de la température du modérateur conduit à une baisse de son pouvoir de modération. C'est une différence essentielle avec les réacteurs de type Tchernobyl (RBMK).

- **Circuits auxiliaires** : un REP possède un grand nombre de circuits auxiliaires destinés à assurer plusieurs fonctions auxiliaires dont la principale est l'extraction de chaleur du cœur et le transfert de cette chaleur vers les générateurs de vapeur.

LE RÉACTEUR À NEUTRONS RAPIDES

Les réacteurs à neutrons rapides (RNR) tirent parti du fait que l'uranium 238 est *fertile* en ce sens que, bombardé par des neutrons rapides, il se convertit en plutonium 239 fissile. Avec la même quantité d'uranium naturel – dont on rappelle qu'il est composé à 99,3% d'uranium 238 et 0,7% d'uranium 235 fissile –, on peut ainsi produire avec les RNR 100 fois plus d'électricité qu'avec les PWR.

Un autre enjeu de ce type de réacteur est de faciliter la gestion des déchets radioactifs en en réduisant le volume et la radioactivité intrinsèque à long terme des déchets ultimes. Ces réacteurs peuvent en outre transformer des éléments à vie longue, les actinides mineurs (américium, curium et neptunium) en éléments à vie plus courte. Cette transformation est appelée transmutation.

Les RNR peuvent produire plus de combustible qu'ils n'en consomment ; tout dépend du mode suivant lequel on les fait fonctionner, iso-générateur, sous-générateur ou sur-générateur.

Le réacteur refroidi au sodium est l'un des trois systèmes à neutrons rapides envisageables. Le sodium présente plusieurs avantages : grande inertie thermique, compatibilité avec l'acier (absence de corrosion), disponibilité en grande quantité, faible coût qui l'ont fait préférer aux autres refroidisseurs possibles malgré son handicap (réactivité chimique avec l'air et l'eau). Cette filière sodium a fait l'objet de nombreuses expérimentations, notamment en France avec les réacteurs Rapsodie, Phénix et Superphénix, mais aussi à l'étranger où des RNR sont actuellement exploités et/ou en construction en Russie, en Inde et en Chine.

LE PROJET ASTRID ET SON ABANDON

Dans les années 2000, le DOE (Department of Energy américain) lance le forum international Génération IV pour développer

une coopération internationale sur les nouveaux types de réacteurs nucléaires. Parmi les six concepts retenus, la France se centre sur le réacteur refroidi au sodium ; ce sera Astrid (Advanced Sodium Technological Reactor for Industrial Demonstration). Si la France préfère ce concept, c'est parce que trois réacteurs de cette technologie y ont déjà été construits : Rapsodie, consacré à la recherche, Phénix qui restait un réacteur expérimental et Superphénix, abandonné en 1997 par Lionel Jospin, Premier ministre, alors allié aux Verts.
2006 : Le projet Astrid est lancé par Jacques Chirac en conseil des ministres. Les dépenses engagées à la fin 2017 s'élevaient à 738 millions d'euros.
Le 30 août 2019, le nouvel administrateur du CEA confirmait l'abandon du projet. Selon le ministère, le besoin d'un démonstrateur et le déploiement de réacteurs à neutrons rapides ne sont pas utiles « *au moins jusqu'à la deuxième moitié du xx*e *siècle* ». Toujours selon le ministère, « *la France reste engagée dans la fermeture complète du cycle du combustible.* » L'administrateur justifie cet abandon par l'abondance d'une ressource bon marché en uranium ; si la ressource se raréfie, ajoute-t-il, « *nous aurons le temps de nous retourner.* »
Voici comment, dans un texte publié fin septembre 2019 dans la revue *Commentaires*, Yves Bréchet, ancien Haut-Commissaire du CEA, analyse cet abandon :
« *Sur ces deux questions* – les ressources et les déchets –, *les réacteurs à neutrons rapides apportaient une réponse techniquement éprouvée ; la surgénération, en permettant d'utiliser le plutonium issu du retraitement des combustibles usés et l'uranium appauvri, diminuerait par 10 le volume des déchets produits et assurerait notre autonomie en matière des ressources en uranium pour un bon millier d'années au rythme actuel de consommation. Avec son "cycle fermé", le RNR utilise environ 100 fois mieux la ressource naturelle que les réacteurs à eau légère. Restait pour compléter l'ensemble à régler la question de la gestion des déchets ultimes. Les produits de fission, dont les vies ne dépassent*

pas quelques centaines d'années, ont leur confinement assuré par une matrice de verre. Pour les atomes d'uranium qui ont absorbé un neutron, les déchets résultants sont appelés actinides, le principal d'entre eux étant le plutonium, à côté des actinides dits mineurs tels l'americium, le curium et quelques autres. La matrice verre n'est plus suffisante et leur confinement est assuré par le stockage géologique profond.

Le jour où le prix de l'uranium le justifiera, l'industrie qui sera prête avec une technologie éprouvée disposera d'un avantage compétitif considérable.

La politique de fermeture du cycle, clé de voûte de la politique électronucléaire responsable depuis presque cinquante ans, vise à éviter l'accumulation de déchets nucléaires, car le plutonium est un excellent combustible fissile, et à tirer le maximum d'énergie du minerai d'uranium. Cette clé de voûte a été pensée par un État stratège soucieux d'assurer au pays, dans le sillage de la crise pétrolière des années 1970, une indépendance énergétique.

C'est aussi une condition pour un nucléaire durable et responsable. C'est là le problème. »

LES SMR (SMALL MODULAR REACTOR)

Le 17 septembre 2019, à Vienne, l'administrateur général du CEA, qui représente la délégation française à l'AIEA, annonce la création d'un consortium – EDF, CEA, TechnicAtome et Naval Group – dont le but est le développement d'un petit réacteur modulaire baptisé Nuward (NUclear FORward). TechnicAtome a conçu et fabriqué 20 réacteurs de ce type pour les besoins de la marine nationale. Nuward comprendra deux unités de 170 MW chacune pour, on l'espère, une MSI à l'horizon 2030.

Cette technologie cible principalement le marché à l'exportation. Pour le PDG d'EDF, maître d'œuvre, « *les SMR pourraient jouer un rôle essentiel dans le remplacement des centrales au charbon. De nombreux pays, afin de relever le défi du changement climatique, envisagent de déclasser une quantité de centrales au charbon... notamment les plus anciennes, les plus polluantes, généralement dans une gamme de capacité de 300-400 MWe... équivalente à la puissance des SMR.* »

D'après ses concepteurs, le SMR français sera l'un des plus compacts du marché et fera l'objet d'une construction modulaire. La coopération avec Westinghouse est en cours de négociation.

Mais l'affaire n'est pas gagnée : il y a de par le monde quelque 70 concepts de SMR en cours de développement, dont la moitié sont des REP ; l'autre moitié correspond à des réacteurs de génération IV qui mettent en œuvre des fluides de refroidissement tels que le métal liquide, le gaz ou les sels fondus.

ANNEXE 7

LA RADIOACTIVITÉ

La radioactivité est d'abord un phénomène naturel. Nous recevons tous en permanence des photons (gamma, X), des électrons (beta), des neutrons, des protons et des particules alpha. Nous baignons dans la radioactivité.

LES UNITÉS

Le **becquerel** (Bq) correspond à une désintégration par seconde. Ses effets sur la santé sont fonction de la quantité, du type de rayon et des tissus touchés. Quand vous vous baignez dans la mer, vous vous baignez dans un milieu qui émet 6000 Bq par m^3. Le corps humain émet en moyenne 6 à 7000 Bq.
Le **gray** (Gy) mesure la dose absorbée, c'est-à-dire la quantité d'énergie déposée dans une masse de matière. Un gray correspond à une énergie de 1 Joule déposée dans un kilo de matière.
Le **sievert** (Sv) – mSv pour milliSievert – permet d'évaluer le risque biologique. C'est la dose efficace ; elle est calculée à partir de la dose absorbée (exprimée en Gy) en tenant compte du type de rayonnement (chaque type de rayonnement est pondéré en fonction du risque qu'il présente). Un deuxième facteur de pondération propre à chaque tissu ou organe permet de définir la dose efficace ; par exemple, 0,05 pour la thyroïde, 0,12 pour le poumon, etc.

En France, l'irradiation naturelle est comprise entre 1 et 6 mSv/an, en fonction de la localisation, soit une moyenne de 2,5 mSv/an. Dans certaines villes de France connues pour la valeur thérapeutique de leurs eaux autrefois vantées pour leur radioactivité, l'exposition naturelle peut être supérieure à celle reçue par les habitants d'une bonne partie de la zone évacuée autour de Fukushima.
De par le monde, l'irradiation naturelle varie entre 1 et 80 mSv/an.
Il n'a jusqu'à présent pas été possible de mettre en évidence un effet cancérigène de la radioactivité naturelle, même là où son niveau est

élevé. Ainsi les habitants d'une région de l'État du Kerala en Inde, qui reçoivent une dose pouvant aller jusqu'à 70 mSv/an, ne souffrent d'aucune morbidité due aux cancers qui soit supérieure à la moyenne ; de plus, l'espérance de vie y est de 72 ans alors qu'elle est de 60 ans dans le reste du pays.

À titre de comparaison, on mentionnera les examens radiologiques qui entraînent une dose équivalente de 0,1 à 20 mSv selon l'examen. En France, ils délivrent en moyenne 1 mSv/an et cette dose a tendance à augmenter. Aux États-Unis, la dose moyenne due aux examens radiologiques est de 3 mSv/an.

LA CIPR

La CIPR (Commission internationale de protection radiologique), créée en 1928, a pris sa forme actuelle en 1950. Elle publie des rapports scientifiques faisant le point des connaissances dans tel ou tel domaine particulier et fait des recommandations pratiques. Sa première recommandation date de 1959.

La CIPR est une institution indépendante, bénéficiant de contributions volontaires de la part d'organismes internationaux et nationaux intéressés par la sécurité de l'utilisation des rayonnements. Elle s'appuie sur le Comité scientifique des Nations unies pour l'étude des effets des rayonnements ionisants (UNSCEAR), créé en 1955 : l'UNSCEAR se consacre au bilan de l'exposition des populations et à l'étude des risques des rayonnements tandis que la CIPR porte ses efforts sur l'élaboration des principes de protection radiologique et ses applications pratiques.

Dans ses recommandations, la CIPR privilégie l'hypothèse de la *Relation linéaire sans seuil (RLSS)* pour la fixation de limites tolérables dans le domaine des faibles expositions.

Ce qui la conduit à fixer à 1 mSv/an la dose maximale grand public liée aux activités humaines, soit environ la moitié de l'irradiation due aux expositions naturelles.

Pour les travailleurs du nucléaire, cette limite a été fixée à 20 mSv/an, mais les doses effectivement reçues sont très inférieures

LA RLSS, RELATION LINÉAIRE SANS SEUIL

La problématique des effets des faibles doses sur la santé est ici fondamentale. Elle conditionne la perception des risques par le public. La RLSS consiste à estimer l'effet des doses faibles par extrapolation de données épidémiologiques obtenues pour des doses élevées, en l'occurrence celles reçues par les survivants des explosions atomiques du Japon : on postule une relation linéaire et sans seuil, c'est-à-dire que le risque diminue proportionnellement avec la dose et qu'il n'existe pas de seuil en dessous duquel il n'y aurait pas d'effet.
On considère aujourd'hui qu'elle fournit une évaluation assez satisfaisante des risques des doses supérieures à 100 mSv. Mais il en va autrement pour les faibles doses, c'est-à-dire celles inférieures à 100 mSv.

« Un rapport conjoint de l'Académie des sciences et de l'Académie de médecine (2005) estime que la RLSS conduit à une forte surestimation des risques des faibles et très faibles doses de rayonnements Ionisants. Les fondements de la RLSS sont remis en question par de nouvelles données biologiques et de l'expérimentation chez l'animal qui montrent que la défense contre les RI met en jeu le micro-environnement cellulaire et le système immunitaire, et que les mécanismes de défense contre les faibles doses de RI sont différents et plus efficaces. »
La synthèse des études de cohorte pour lesquelles on dispose des coefficients de risque fondés sur les seules doses inférieures à 100 mSv chez l'adulte ne montre pas d'excès de risque relatif significatif, ni pour les tumeurs solides ni pour les leucémies.
M. Tubiana, R. Massé, F. de Vathaire, D. Averbeck, A. Aurengo (*Radioprotection*, 2007)

La RLSS est souvent utilisée pour prévoir les effets de faibles doses sur de larges populations. C'est ainsi que dans leur livre, *Tchernobyl, conséquences de la catastrophe pour les populations et la nature*, Yablokov et al., prétendant s'appuyer sur les milliers d'articles scientifiques qui en réalité n'apportent aucun fait épidémiologique vérifiable, estiment le nombre des décès prématurés à plus de 900 000 entre 1986 et 2005 par utilisation de la simple règle de 3, multipliant des doses reçues de plus en plus faibles par des populations de plus en plus importantes quand on s'éloigne de la source ; ce qui leur permet de conclure par le calcul à une *dose collective* qui, divisée par la dose mortelle, fournit le résultat. En avril 2006, Greenpeace concluait à 200 000 décès. Ce sont là des morts « virtuels ».

Les prévisions obtenues par application de la RLSS à de très grandes populations ne sont pas confirmées par l'épidémiologie. Ni l'UNSCEAR ni la CIPR ne recommandent l'utilisation de la RLSS pour prévoir les conséquences d'expositions inférieures à 100 mSv accumulées pendant une vie entière. Appliquée à l'exposition naturelle en France, cela reviendrait à admettre 9000 décès par an pour une population de 60 millions de résidents exposés en moyenne à 3 mSv/an. Cela reviendrait à postuler que ces décès sont plus fréquents dans les régions françaises où l'exposition est plus forte que la moyenne, ce qui n'est en rien justifié par les faits.

LES CONSÉQUENCES DE TCHERNOBYL

À Tchernobyl, 237 liquidateurs ont reçu une irradiation massive. 28 sont morts en quelques semaines et, depuis 1986, on a constaté 33 morts supplémentaires.

La contamination par l'iode radioactif (iode 131 et 132) a entraîné une véritable épidémie de cancers thyroïdiens chez l'enfant pour des doses à la thyroïde d'au moins 100 mSv. Un rapport de l'UNSCEAR de 2005, mis à jour en 2011, estime à 4000/5000 le nombre de cancers dus à l'accident – en Ukraine, Biélorussie et Russie. La très grande majorité de ces cancers auraient pu être évités si de l'iode stable avait été distribuée et si l'information des populations avait été correctement faite.

La Pologne voisine, où cette distribution a été faite, n'a connu aucune augmentation du nombre de cancers de la thyroïde.

La CIPR recommande l'abandon de la notion de *dose collective* qui, comme on l'a vu plus haut, est fondée sur la RLSS. Ceci revient, mais sans le dire explicitement, à abandonner ladite RLSS.

Les normes actuelles peuvent donc être considérées comme très protectrices.

ANNEXE 8

LA SÛRETÉ NUCLÉAIRE EN FRANCE[24]

La dangerosité spécifique à l'énergie nucléaire tient à ce que, comme on l'a dit plus haut, la fission des atomes d'uranium 235 engendre des produits de fission qui sont radioactifs et restent dangereux pendant des temps variables, mais qui peuvent aller jusqu'à plusieurs milliers d'années en même temps qu'ils continuent à dégager de la chaleur qui peut conduire à la fusion du cœur si des mesures adéquates ne sont pas prises pour l'éviter. L'annexe 7 est consacrée à un rappel des principales notions concernant la radioactivité.

Dans une première partie, nous présentons les principaux acteurs du système de sûreté nucléaire, puis les grands principes qui régissent la sûreté avant d'évoquer les principaux incidents qui ont marqué l'histoire du parc nucléaire actuel (réacteurs à eau légère).

Nous reviendrons ensuite sur quelques-uns des dysfonctionnements récents du système de sûreté avant de terminer sur la complexification croissante des procédures et les voies possibles pour en sortir.

LE SYSTÈME DE SÛRETÉ : DESCRIPTION

Les acteurs

L'exploitant, premier responsable de la sûreté

C'est ici EDF qui, depuis le 1er juin 2018, est l'actionnaire principal de Framatome qui a repris les activités nucléaires d'AREVA. EDF est donc à la fois constructeur et opérateur.

L'Inspecteur général pour la sûreté nucléaire (IGSN) et la Radioprotection du groupe EDF publie chaque année un rapport sur tout ce qui, au sein du groupe, contribue à la sûreté nucléaire. L'IGSN a notamment noté dans son rapport pour l'année 2020 (publié début 2021) que l'année 2020 avait été marquée par une amélioration

24. Cette annexe est la reprise d'un article paru en 2012 dans *Les nouvelles régulations électriques*, sous la direction de Michel Lapeyre, éditions Lavoisier.

des indicateurs de sûreté, avec notamment un nombre d'arrêts automatiques qui n'a jamais été aussi bas (14), même après corrections pour tenir compte du faible taux d'utilisation du parc.

L'Autorité de sûreté nucléaire (ASN)

L'ASN, telle qu'elle existe aujourd'hui, est le résultat d'un long processus. Le contrôle de la sûreté était d'abord exercé par le ministère qui pouvait s'appuyer sur la réglementation concernant les appareils à pression. Pour le reste, on pouvait s'appuyer sur la réglementation américaine et on *réglementait en faisant.*

L'ASN a été rendue indépendante par la loi TSN de 2006 sur laquelle on reviendra plus loin.

C'est toutefois le gouvernement qui est responsable de l'autorisation de création et de fermeture d'une Installation nucléaire de base (INB) après avis de l'ASN : réacteurs, centre de retraitement, stockages à l'issue notamment d'une enquête publique. L'ASN peut à tout moment ordonner l'arrêt d'un réacteur pour des raisons de sûreté.

Le président de l'ASN, nommé pour six ans non renouvelables, préside un collège de cinq membres – eux aussi inamovibles et non renouvelables – qui est le centre décision de l'Autorité. L'ASN ne peut pas recevoir d'instructions des ministres mais, bien entendu, le mode de nomination des commissaires et du directeur général est tel – trois nommés par le président de la République, un par le Sénat et un par l'Assemblée nationale – que, au moment de sa nomination, chacun ait des liens avec qui l'a nommé.

L'ASN s'appuie sur l'IRSN qui dispose de 440 experts – sur un effectif total de 1800 – qui se consacrent à la sûreté nucléaire ainsi que, en interne, de 8 GP (Groupes permanents) composés d'experts compétents mais extérieurs à l'ASN/IRSN. Ces derniers sont consultés sur des sujets considérés à fort enjeu. Ils sont soumis à un engagement de confidentialité, mais sans que cela ne signifie devoir de réserve. Certains GP (dont ceux dédiés aux réacteurs nucléaires et à l'ESPN

– Équipements sous pression nucléaire) comprennent des opposants déterminés au nucléaire, conseillers de Greenpeace et qui, bénéficiant de la légitimité que leur confère leur participation à un GP, n'hésitent pas à publier dans la presse des articles qui en appellent à l'abandon du nucléaire.

L'INFORMATION DU PUBLIC ET L'ÉCHELLE INES

L'ASN a également une mission d'information du public. Ses décisions sont disponibles sur le site de l'ASN. Elle publie un rapport annuel.

Elle peut également consulter le public par internet ; ce qui fut notamment le cas pour le dernier arrêté portant sur la cuve de l'EPR.

Les incidents/accidents sont classés suivant une échelle internationale (INES : International Nuclear Events Scale) qui va du plus bénin – niveau 1 – au plus grave – niveau 7.

On notera également que la CRIIRAD – une ONG opposée au nucléaire – mesure systématiquement la radioactivité autour des INBs et que ses résultats sont cohérents avec ceux de l'exploitant et de l'IRSN.

L'Institut de radioprotection et de sûreté nucléaire (IRSN)

Chargé d'une mission d'appui technique aux autorités publiques compétentes en sûreté, radioprotection et sécurité, l'IRSN assure également certaines missions de service public notamment en matière de surveillance de l'environnement et des personnes exposées aux rayons ionisants. Son budget est, comme celui de l'ASN, financé par l'État et par une contribution obligatoire versée par les exploitants d'INB.

Le Haut Comité pour la transparence de l'information sur la sécurité nucléaire (HCTISN)

Créé par la loi du 13 juin 2006 à laquelle on doit l'accession de l'ASN au statut d'autorité indépendante.

Le Haut Comité veille à la qualité de l'information sur la sûreté nucléaire. Les principales parties prenantes y sont représentées, y compris des associations hostiles au nucléaire. Il produit des avis, des rapports et des recommandations qui s'adressent aux parties prenantes.

CLI et ANCCLI

Des Commissions locales d'information ont été créées il y a une quarantaine d'années dans les communes qui abritent une INB. Elles sont constituées et pilotées par les Conseils généraux. Au niveau national, elles sont groupées au sein de l'Association nationale des CLIs, l'ANCCLI.

Le Parlement

Celui-ci a été, il est vrai, peu associé aux décisions qui lancèrent le programme nucléaire français. La situation a beaucoup évolué depuis. La loi de 1991 sur les déchets radioactifs, puis celles de 2006 et 2016 marquent un tournant important à cet égard. On peut noter également le *Rapport final sur l'avenir de la filière nucléaire* de 2011 par lequel le Parlement a participé à l'information du public.

Comme stipulé dans la loi de 2006, le président de l'ASN présente chaque année son rapport annuel devant l'OPECST (Office parlementaire des choix scientifiques et techniques). La dernière présentation a eu lieu le 16 mai 2019 et a été l'occasion pour le nouveau président de l'ASN de noter que la situation de la sûreté avait été en 2018 globalement satisfaisante[25].

LES GRANDS PRINCIPES DE LA SÛRETÉ

LES COMPOSANTS D'UN REP (voir l'annexe 6 pour plus de détails)

Le combustible – de l'uranium naturel enrichi en uranium 235 – est d'abord conditionné sous forme d'éléments gainés en zircaloy. Ils sont placés dans une

25. On notera également le rapport de la Commission Pompili (juin 2018) qui, pour l'essentiel, met l'accent sur les dangers que présente le système nucléaire. Ce qui conduit à des affirmations telles que celle-ci : *aucune activité ne génère un risque d'une telle ampleur.* Un *potentiel de danger* qui aurait gagné à être examiné en regard des précautions et dispositions prises pour y faire face ; ce que la Commission s'est bien gardée de faire.

cuve, elle-même remplie d'eau. La réaction en chaîne chauffe cette eau – l'eau primaire – qui est maintenue liquide (155 atmosphères) grâce au pressuriseur. Les pompes primaires envoient cette eau dans un échangeur (le générateur de vapeur-GV) qui va transférer la chaleur de l'eau du circuit primaire vers l'eau du circuit secondaire (70 atmosphères) qui se transforme en une vapeur qui n'a jamais été en contact avec de la matière radioactive et qui va actionner une turbine, elle-même couplée à un alternateur. Cuve et GVs sont placés dans une enceinte dite de confinement.

Le principe de la défense en profondeur

La défense en profondeur conduit à la mise en œuvre de niveaux de défense successifs destinés à prévenir les incidents et accidents et à en limiter les conséquences. Pour les équipements sous pression nucléaire (ESPN), la défense en profondeur repose sur la qualité de conception et de fabrication (premier niveau), le contrôle des équipements en fin de fabrication et en service (deuxième niveau) et des dispositions sur l'installation permettant de limiter les conséquences de leur rupture (troisième niveau).

Une série de barrières de protection, indépendantes, emboîtées comme des poupées russes, protègent les travailleurs, le public et l'environnement contre la radioactivité produite dans le combustible nucléaire.

- La première est la gaine de l'élément combustible.
- La seconde est l'enveloppe du circuit primaire, lui-même comprenant la cuve et les tuyauteries conduisant au générateur de vapeur.
- La troisième est constituée par l'enceinte de confinement.

Ce sont là trois barrières de sûreté indépendantes qui constituent des obstacles à la dispersion des produits radioactifs dans l'environnement.

Les systèmes de sécurité et de sauvegarde

On distingue :

- Les systèmes de secours qui interviennent en cas de défaillance du système normal. Exemple : système d'alimentation de secours des GV.

- Les systèmes de sécurité qui ont pour but de prévenir des accidents. Exemple : injection de sécurité de la cuve.
- Les systèmes de sauvegarde qui interviennent après un accident. Exemple : aspersion de l'enceinte et bien d'autres encore.

Critère déterministe et critère probabiliste

Dans l'approche déterministe, qui est à la base du principe de défense en profondeur, on établit la liste des incidents et des accidents considérés comme plausibles, mais en leur affectant une probabilité égale à l'unité. Dans cette logique, la défaillance d'un composant ne doit pas pouvoir à elle seule causer un accident. Les limites de cette approche tiennent à ce qu'elle ne permet pas de savoir où porter en priorité l'effort : par exemple, faut-il doubler le nombre de vannes ou renforcer l'enceinte de confinement ?

L'approche probabiliste – qui s'est développée aux États-Unis à partir du rapport Rasmussen de 1975 – est basée sur un calcul de risque. On envisage les cascades de défaillances susceptibles d'aboutir à un accident majeur et on affecte à chaque stade une probabilité de défaillance. Cette approche a elle aussi ses limites car elle ne permet pas d'appréhender toutes les causes de déclenchement d'un accident comme les erreurs humaines les plus improbables ou les vices de construction d'un composant principal qui aurait échappé à un contrôle qualité.

Ces deux approches sont complémentaires. Elles sont systématiquement utilisées par l'ASN et auparavant par les concepteurs de réacteurs ainsi que par la NRC américaine (Nuclear Regulatory Commission, l'équivalent de l'ASN), notamment pour évaluer les conséquences sur la sûreté de modifications à apporter au référentiel initial de sûreté.

L'exclusion de rupture, de quoi s'agit-il ?

L'exclusion de rupture est pratiquée depuis l'origine du parc nucléaire. Elle est accordée par l'ASN en réponse à une demande de l'exploitant. Elle consiste à exclure l'éventualité de rupture sur des équipements conçus, dimensionnés, réalisés et contrôlés suivant des standards particulièrement exigeants : traçabilité de tous les matériaux et produits d'apport utilisés, qualification des procédés et des intervenants, critères de réception rehaussés, inspection en service, suivi réglementaire. Cette pratique repose sur l'expérience acquise par plus d'un siècle de fonctionnement d'appareils à pression. Cette exclusion s'applique à un très petit nombre d'équipements ou tuyauteries, essentiellement la cuve, le pressuriseur, certaines tuyauteries (avec leurs soudures), l'enceinte de confinement.

Le code de l'environnement et le principe de précaution

Ce principe est inscrit à l'article 5 de la Charte de l'environnement de 2004 désormais intégré à la Constitution de 1958. Il est repris en 1995 dans la loi dite loi Barnier. Cette loi a donné naissance à une jurisprudence qui fait de la crainte telle que perçue par les gens du voisinage – par exemple celle des risques entraînés par une antenne de téléphone mobile – une nuisance. On peut se demander si, dans ces conditions, l'application de ce principe aurait permis de lancer le programme nucléaire que l'on sait.

L'amélioration permanente de la sûreté

La mise en œuvre de cet autre principe qu'est celui de l'amélioration permanente de la sûreté s'appuie notamment sur le retour d'expérience.

LE RETOUR D'EXPÉRIENCE

Le REX repose sur l'analyse des accidents survenus en France et de par le monde, mais aussi sur l'analyse systématique des incidents, notamment de ceux qui auraient pu conduire à de véritables accidents. D'où l'accent mis sur la *culture de sûreté*.

La culture de sûreté

On entend par là l'ensemble des attitudes et des principes qui placent la sûreté au centre des préoccupations et poussent, au-delà de l'indispensable respect des procédures, à faire progresser la sûreté et à identifier les facteurs pouvant la compromettre. Les opérateurs sont ainsi incités à informer leur hiérarchie sur tous les incidents qu'ils peuvent observer, y compris quand il s'agit de leurs propres erreurs ou d'anomalies qui constituent des signaux faibles potentiels. C'est la *safety culture* qui s'oppose à la *blame culture*.

Les visites décennales (VD)

Contrairement à ce qui est souvent affirmé, les réacteurs n'ont pas été conçus pour une durée de 40 ans. En revanche, tous les 10 ans, ces réacteurs sont soumis à une visite approfondie qui conduit l'ASN à en autoriser la prolongation pour 10 ans sous la condition qu'EDF entreprenne des travaux améliorant la sûreté du réacteur. La VD4 concerne aujourd'hui 32 réacteurs de 900 MW, c'est-à-dire ceux de la première génération du parc. Le 25 février 2021, l'ASN ouvrait la voie à une prolongation à 50 ans de la durée de vie des réacteurs.
Les premiers réacteurs à atteindre les 40 ans sont ceux de Fessenheim (1&2). Mis en service en 1978, ils ont été arrêtés en 2020.
On notera que, aux États Unis, la plupart des réacteurs nucléaires de même type que ceux du parc français ont été autorisés à fonctionner jusqu'à 60 ans et que certains d'entre eux ont été autorisés à fonctionner jusqu'à 80 ans.

Le Grand Carénage

Il s'agit là d'un programme de contrôle approfondi des installations puis d'amélioration de la sûreté, lancé par EDF en 2015 suite aux enseignements tirés de l'accident de Fukushima. Ce programme s'étale sur 10 ans, soit 2014-2025. Son coût est évalué à quelque 50 milliards €. Il comprend trois types d'activités :

- Des opérations de maintenance exceptionnelle.
- Des modifications associées aux visites décennales. Il ne s'agit pas d'atteindre les niveaux de sûreté de l'EPR, mais de s'en rapprocher le plus possible.

- Des études et essais permettant de s'assurer que les matériels qualifiés aux situations accidentelles gardent leurs capacités fonctionnelles malgré leur vieillissement.

BRÈVE ANALYSE DE QUELQUES DYSFONCTIONNEMENTS RÉCENTS DU SYSTÈME

L'Autorité de sûreté nucléaire française est, comme le disait El Baradei, alors directeur de la division énergie nucléaire à l'AIEA, « *l'une des deux meilleures autorités de sûreté du monde* » (l'autre étant la NRC aux États-Unis).
Cela dit, au cours de ces dernières années, le parc nucléaire français a connu plusieurs incidents, et les relations entre EDF et l'ASN ont connu des dysfonctionnements qui ont terni l'image que le public se fait du nucléaire. Citons les plus récents. On essaiera d'être bref malgré la technicité du sujet.

Inondation de la centrale du Blayais

La nuit du 26 décembre 1999, une tempête exceptionnelle ravageait les forêts du sud de la Loire. Le lendemain, c'était le tour du sud de la Loire. Cette seconde tempête a coupé une partie des lignes à haute tension reliant au réseau la centrale du Blayais. Puis, à marée haute, les vagues, soulevées par un vent de 140 km/h, ont fait monter les eaux de la Gironde qui ont submergé les digues protégeant la centrale. Un flot d'eau boueuse a pénétré les galeries techniques et mis hors service un certain nombre de tableaux électriques et de circuits auxiliaires dans les réacteurs 1&2. Les moyens de pompage étaient rapidement installés, l'eau rejetée dans la Gironde après avoir vérifié qu'elle n'était pas radioactive et, le 29 dans l'après-midi, toute l'eau avait été évacuée ; la crise était terminée. L'incident était classé au niveau 2 de l'échelle INES.
L'ouragan médiatique s'est rapidement levé pour affirmer qu'on était passé à deux doigts d'une catastrophe analogue à celle de Tchernobyl, ce qui était complètement faux.

Accident ou incident? L'OPECST s'est saisi de l'affaire: « ... *il est difficile de parler d'accident au sens commun du terme, mais plutôt d'un incident sérieux: à aucun moment nous nous sommes trouvés en présence d'une défaillance du réacteur, mais de systèmes de sécurité redondants.* »

Les falsifications de dossiers chez Creusot Forge

En mai 2016, une revue de la qualité des fabrications de l'usine Creusot Forge – sous-traitant d'AREVA pour des pièces forgées, c'est-à-dire la cuve et les GVs – a mis en évidence des irrégularités: dissimulations d'anomalies techniques au client et à l'autorité de contrôle, falsifications de résultats de mesures. Les inspections menées par l'ASN n'avaient pas permis de les détecter.

L'ensemble des dossiers – quelque 2 millions de pages – de fabrication de l'usine de Creusot Forge a donc été réexaminé, sans qu'aient été révélés des problèmes majeurs, des mesures correctives ont été adoptées, ce qui, en janvier 2018, conduisit l'ASN à autoriser la reprise des fabrications des composants destinés aux installations nucléaires. Ces contrôles se traduisent par une énorme paperasserie, mais cela ne saurait disculper Creusot Forge qui est impardonnable.

Les essais de qualification de la cuve de l'EPR et les excès de teneur en carbone de l'acier de certaines de ses parties

Début avril 2015, AREVA signalait que, lors des essais de qualification du couvercle et du fond de la cuve de l'EPR, la teneur en carbone ne respectait pas la norme et, le 7 avril, chacun pouvait lire les gros titres de la presse: *L'EPR est-il maudit ? Est-il condamné, L'EPR est-il mort-né ? La cuve est condamnée*, etc. Le 15 avril, devant l'Office parlementaire OPECST, le président de l'ASN parlait d'*anomalies extrêmement sérieuses*. Les ONG traditionnellement opposées au nucléaire prédisaient que l'EPR ne pourrait jamais démarrer.

L'arrêté ESPN (Équipements sous pression nucléaire) adopté par l'ASN en 2005 fixe, entre autres, à 0,22% la teneur maximale en carbone de l'acier de la cuve. Cette norme concerne la totalité de la cuve, y compris les parties les moins exposées aux neutrons, à savoir le couvercle et le fond. Il précise en outre que l'échéance d'application de l'arrêté est fixée à 2011 et qu'une dérogation peut être accordée sur justification.

En avril 2015, cette cuve est terminée depuis plus de cinq ans et a été réceptionnée en usine en présence de représentants de l'ASN. Elle venait alors d'être installée sur le site.

Après l'annonce de ces *anomalies,* des tests furent effectués sur des éprouvettes prises dans un couvercle forgé dans des conditions équivalentes à celles du couvercle sous examen. Les résultats furent conformes aux exigences de l'ESPN, même si les marges de sécurité étaient réduites.

À la mi-2017, le GP compétent jugeait que, au vu des résultats des tests, le fond de la cuve et le couvercle de la cuve étaient aptes au service. Le collège de l'ASN validait le couvercle, mais pour une durée limitée seulement: il a demandé à EDF de prévoir un remplacement du couvercle de la cuve d'ici fin 2024.

En tout état de cause, changer un couvercle de cuve n'est pas gratuit, mais pas d'un coût exorbitant, et a déjà été fait maintes fois sur le parc existant.

La non-conformité des soudures des tuyauteries principales d'évacuation de la vapeur des GVs vers la turbine

Le 11 avril 2019, l'ASN annonçait que le GP ESPN – compétent pour les réacteurs et élargi à des experts étrangers – consulté sur la base d'un dossier instruit par la Direction des équipements sous pression (qui dépend de l'ASN), concluait que 8 soudures de ces tuyauteries présentaient des écarts importants par rapport aux exigences de l'exclusion de rupture.

Ces tuyauteries avaient été mises en exclusion de rupture sur proposition du maître d'ouvrage, Framatome ; elles devaient par conséquent satisfaire, comme expliqué plus haut, à des exigences de qualité particulièrement sévères.
En 2012, alors que la fabrication des tuyaux soudés avait commencé, Framatome avait oublié d'informer le sous-traitant. Des écarts de qualité avaient pourtant été constatés dès février 2013, mais Framatome aurait continué à construire autour des tuyaux, rendant d'autant plus complexe de retravailler sur lesdites soudures.
L'ASN a finalement exigé une mise en conformité immédiate alors qu'EDF avait proposé que la mise en conformité n'intervienne qu'à l'occasion du premier arrêt de tranche. L'impact de la décision de l'ASN sera considérable puisqu'elle conduira à un report de trois années supplémentaires de la date de mise en service de l'EPR. Cet événement montre les conséquences que peut avoir le manque de contrôle du fabricant sur ses sous-traitants.

Les défauts de teneur en carbone des calottes des générateurs de vapeur de 18 réacteurs

Le 23 juin 2016, l'ASN annonçait les résultats d'un audit demandé à AREVA : 46 fonds de générateurs de vapeur (dans 18 réacteurs en exploitation) présentaient une zone de concentration anormale de carbone pouvant conduire à des propriétés mécaniques plus faibles qu'attendues.
L'arrêté ESPN évoqué plus haut précise qu'il n'est pas applicable aux fabrications antérieures à 2011 et les GVs concernés respectaient la norme en vigueur avant la publication de l'arrêté ESPN. L'ASN et EDF ont toutefois tenu à savoir ce qu'il en était des GV des tranches en exploitation et qui, autant qu'on puisse savoir, avaient été fabriqués avant 2015. D'où les résultats annoncés le 23 juin. Finalement, l'ASN, après consultation de l'IRSN, concluait à l'absence de conséquences pour la sûreté des réacteurs.

L'insuffisante résistance au séisme de la digue protégeant la centrale de Tricastin

En octobre 2017, l'ASN prescrivait l'arrêt immédiat des quatre réacteurs de la centrale de Tricastin à cause des risques dus à la séismicité du lieu. Ce faisant, l'ASN exigeait un renforcement d'une portion (sur 400 m) de la digue de protection de la centrale contre un risque de débordement du canal de Donzère-Mondragon et de noyage de la centrale.

Cet arrêt imposé par l'ASN privait donc le parc de 3600 GW à l'approche de l'hiver et EDF d'un revenu dont elle a pourtant bien besoin.

Lors de la mise en service de la centrale en 1980-1981, cette digue avait été jugée apte à tenir le séisme maximal historique de la région (celui dont on a la trace sur 2000 ans dans un cercle de 50 km autour de la centrale) augmenté du coefficient de sécurité appliqué à toutes les installations nucléaires depuis leur construction. Tout change avec la prise en compte du retour d'expérience de Fukushima. Un coefficient majoré est appliqué au séisme de référence, multipliant par 5 son énergie. Ce qui revient à fonder les mesures de protection sur un séisme hypothétique sans trace historique connue.

En l'occurrence, EDF et la CNR (propriétaire de la digue) ont fait preuve d'une certaine passivité pour satisfaire aux exigences de l'ASN, mais rien n'exigeait la précipitation. Le renforcement, non seulement pouvait intervenir sans qu'il soit nécessaire d'arrêter la centrale mais encore il pouvait attendre la fin de l'hiver. C'est la seule fois dans l'histoire du nucléaire qu'EDF a publiquement contesté une décision de l'ASN, mais elle l'a bien sûr exécutée. Heureusement, l'hiver fut plutôt clément.

Cet événement illustre bien les excès auxquels peut conduire une approche trop systématique de l'approche déterministe. Aux États Unis, le bien-fondé d'une telle décision n'aurait pas résisté à l'application de la règle comme quoi la NRC doit justifier ses décisions par une analyse coût/bénéfice.

L'absence de seuil de libération des déchets de très faible activité (TFA)

La France est le seul pays au monde à ne pas avoir défini de seuil libératoire des déchets de très faible activité, même si leur niveau de radioactivité est inférieur à ce qu'on trouve dans la nature. Il s'agit par exemple de ceux qui, lors d'un démantèlement, ont un taux de radioactivité très faible, donc sans danger pour la santé humaine. Dans la logique actuelle française, ce n'est pas la radioactivité qui est prise en compte mais la seule provenance géographique du déchet. N'étant pas réglementé chez nos voisins, ce type de déchets peuvent parfaitement être utilisés dans la fabrication de produits susceptibles d'être importés en France.

Dans un rapport de 2016, l'IRSN considérait que certains déchets ne méritaient plus une surveillance du fait des risques liés à leur contamination résiduelle, « *la reconduction à l'identique des modes de gestion actuels n'est pas nécessairement la solution optimale.* » Et d'ajouter que « *les contraintes de leur gestion sont disproportionnées au regard des enjeux radiologiques.* »

Mais l'ASN s'est montrée réticente à cette idée et défend le maintien d'une filière spécifique pour contrôler la gestion des matériaux TFA, jugeant qu'une « *défaillance est toujours possible* ». C'est là un point de fixation des ONG antinucléaires – comme la CRIIRAD – qui se battent depuis des années contre toute dérogation aux codes de la santé publique et de l'environnement.

C'est là un exemple d'une approche déterministe qui ignore totalement la rationalité économique et l'absence de risque.

CONCLUSION

Même si l'ASN n'est pas à l'abri des risques de dérive bureaucratique qui menacent tout service administratif de contrôle régalien, les manquements des industriels ont joué un rôle majeur dans les dysfonctionnements signalés. On a cité notamment des déficiences dans la maîtrise des processus industriels (fabrication des ESPN, contrôle des sous-traitants par EDF...). Une mention particulière doit être faite des falsifications de dossiers de l'aciérie du Creusot : cette fraude a porté atteinte à la confiance a priori accordée jusque-là aux données fournies par les industriels et entraîne nécessairement un alourdissement de certaines procédures de contrôle de l'ASN.

Aucun de ces dysfonctionnements ne remet en cause la conception de l'EPR

Les dysfonctionnements évoqués plus haut ont, comme on l'a vu, de multiples causes : manquements du constructeur, pertes de compétence, rigidité de l'ASN, difficultés de communication entre contrôleur et contrôlé, etc. Mais aucun de ces dysfonctionnements ne conduit à remettre en cause le *design et la construction* des réacteurs du parc actuellement en fonctionnement, pas plus que celui de l'EPR, qui ne démarrera qu'en toute sécurité.

D'ailleurs, les deux EPR chinois – dont la construction a commencé après l'EPR de Flamanville – sont en service, Taishan1 depuis juin 2018, Taishan2 depuis mai 2019.

L'amélioration permanente de la sûreté

Le principe selon lequel il faut améliorer la sûreté est, bien sûr, indiscutable. Mais ce principe ne connaît aucune limite.

L'accumulation des contraintes qui pèsent sur l'exploitant est sans fin. Ce qui se traduit par une complexité croissante de la réglementation sans que parfois l'opérateur y voie une amélioration de la sûreté.

Une analyse comparative des pratiques de part et d'autre de l'Atlantique mériterait sans doute d'être faite et portée à la connaissance du public. L'OPECST pourrait utilement se saisir de la question ; ses membres sont, à la différence de la très grande majorité des membres du Parlement, mieux au fait des enjeux de sûreté nucléaire.

L'opinion publique exerce une pression croissante sur les décideurs

70% des citoyens estiment que la vapeur émise par les tours de refroidissement des réacteurs nucléaires est radioactive. Un pourcentage analogue est d'avis que les réacteurs nucléaires émettent du CO_2. Le moindre incident rendu public – transparence oblige – donne lieu à une effervescence médiatique incontrôlée, notamment de par la complaisance de journalistes dont la compétence laisse trop souvent à désirer. « *On ne peut exclure en France un accident de type Fukushima* », avait dit le président de l'ASN ; on ne peut pas démontrer le contraire dans la mesure où on ne peut pas démontrer que quelque chose n'existe pas. Mais, reconnaissons-le, la formule n'est pas très habile ! La pression de l'opinion publique est forte et croissante. Dans une société démocratique où une minorité non négligeable est hostile au principe même du nucléaire, l'existence d'une autorité de sûreté respectée pour sa compétence et son indépendance et pratiquant la transparence vis-à-vis du public est une condition *sine qua non* de la pérennité de la production nucléaire d'électricité.

Le regretté Michel Serres disait : « *C'est ce que j'appelle le renversement de la présomption de compétence. On passe de la présomption de compétence à la présomption d'incompétence à peu près dans tous les métiers. À l'école, à l'hôpital, en politique.* »

Il aurait pu ajouter l'énergie.

ANNEXE 9
LES DÉCHETS ET LE DÉMANTÈLEMENT

La question des déchets radioactifs et du démantèlement revêtant aux yeux du public une importance primordiale, nous y consacrons une annexe.

Cette annexe est organisée de la façon suivante :

- Présentation des acteurs ; le classement des déchets
- Les déchets de haute activité et leur longue histoire avec un coup d'œil sur les expériences étrangères (Suède et Finlande)
- Les déchets de faible et très faible activité
- Le démantèlement

LES ACTEURS

Les producteurs de déchets

Ces déchets sont la propriété de celui qui, par son activité, les a engendrés. EDF, ORANO et le CEA sont de loin les principaux producteurs. Les producteurs de déchets sont pleinement responsables du conditionnement et de la surveillance de leurs déchets jusqu'à leur envoi à l'ANDRA (voir ci-dessous).

Nous ne traitons ici que des déchets issus du programme nucléaire civil.

La DGEC

La Direction générale énergie climat est maître d'ouvrage du 5e Plan national de gestion des matières et des déchets radioactifs (PNGMDR). Ce 5e Plan a fait l'objet d'un débat avec le public sous l'égide de la CNDP, en septembre/novembre 2019. Ses grandes orientations ont été annoncées le 21 février 2020 ; elles ont fait l'objet d'une concertation avec le public qui s'est terminée le 13 avril 2021. Il sera désormais remis à jour tous les 5 ans au lieu de tous les 3 ans.

L'ANDRA

L'Agence nationale pour la gestion des déchets radioactifs, créée par la loi de 1991, est chargée de la gestion définitive des déchets radioactifs. L'envoi de ces derniers dans les sites de stockage de l'ANDRA est suspendu au respect de spécifications (connaissance du contenu, qualité des colisages) qu'elle établit et qui sont approuvées par l'ASN. Comme l'ASN, l'ANDRA traite de la totalité des déchets radioactifs produits sur le sol français. Elle est responsable de la sûreté des stockages tandis que les producteurs restent responsables de la sûreté des déchets.

C'est à l'ANDRA que revient la responsabilité de concevoir les sites de stockage, tout en respectant les exigences de l'ASN. Ce qui en détermine le coût qui ensuite sera à la charge des producteurs, notamment EDF, CEA et ORANO.

L'ASN

Qui exerce ses activités réglementaires habituelles.

Le public

La transparence de l'information donnée au public est exigée par la loi du 13 juin 2006 relative à la transparence et à la sécurité en matière nucléaire. La concertation avec le public passe par de nombreuses instances[26]. C'est avec la mise en œuvre de cet excellent principe que commencent les difficultés. L'expérience montre en effet que le résultat des concertations dépend pour beaucoup d'une pression médiatique souvent déséquilibrée. Sans dire que c'est « un long fleuve tranquille », ces concertations apportent beaucoup, notamment pour ce qui est de la clarification des questions qui ne sont pas exclusivement techniques.

26. On peut citer la Commission nationale du débat public, les Commissions locales d'information (CLI) et leur Association nationale (ANCCLI), le Haut Comité pour la transparence et l'information sur la sécurité nucléaire (HCTISN), l'Office parlementaire des choix scientifiques et techniques (OPECST), la Commission nationale d'évaluation (CNE).

Le classement des déchets

Les déchets sont classés en fonction de deux paramètres : le **niveau d'activité** qui correspond au nombre de désintégration par unité de temps des éléments radioactifs contenus dans les déchets et la **période radioactive** des éléments contenus dans les déchets ; celle-ci correspond au temps nécessaire pour que la quantité d'atome d'un élément radioactif soit diminuée de moitié. Ils sont également triés en fonction de leur nature physique ou chimique afin de maîtriser leur évolution dans le temps.

- **Les déchets de haute activité à vie longue (HAVL),** principalement les produits de fission et les actinides mineurs issus du retraitement des combustibles usés (CU). Ils sont en France[27] conditionnés dans des matrices de verre et des conteneurs en acier inoxydable étanches soudés.
- **Les déchets de moyenne activité à vie longue (MAVL),** également principalement issus des CU après retraitement et des activités d'exploitation et de maintenance des usines de traitement du combustible. Ils sont vitrifiés comme les précédents ou conditionnés dans des colis compactés ou inclus dans des matrices qui les bloquent : ciment ou bitume par exemple.
- **Les déchets de faible activité à vie longue (FAVL),** essentiellement des déchets contaminés par des radioéléments à vie longue. Certains doivent être gérés spécifiquement pour tenir compte de leurs caractéristiques chimiques (par exemple, graphite, magnésium). Ils proviennent notamment du démantèlement des réacteurs UNGG.
- **Les déchets de faible et moyenne activité à vie courte (FMA-VC),** essentiellement issus de l'exploitation, de la maintenance et du démantèlement des INB, des centres de recherche et des activités de recherche médicale. Ils ont une période radioactive inférieure

27. Dans d'autre pays, les combustibles ne sont pas dissous pour séparer les matières recyclables fissiles, qui sont donc perdues et considérées comme déchets HA.

à 30 ans, ce qui conduit à une diminution de leur activité d'un facteur au moins 1000 en 300 ans

- **Les déchets de très faible activité (TFA),** de même origine que les précédents.

Cette classification permet schématiquement d'associer à chaque catégorie de déchets une ou plusieurs filières de gestion. Pour les déchets à vie longue, HA ou MAVL, la loi française a privilégié un stockage géologique à grande profondeur[28]. Le devenir des déchets FAVL reste à l'étude : stockage géologique ou en subsurface. Les déchets FA et TFA sont stockés en surface, dans des ouvrages étanches, et seront surveillés au moins 300 ans, puis considérés comme ne présentant plus de dangers significatifs.
Alors que la quasi-totalité des pays a décidé que les déchets TFA pouvaient être recyclés (ils sont généralement d'activité inférieure ou très inférieure à celles de sols naturels comme les granites), la France l'interdit. Des démantèlements de grande ampleur étant programmés, avec des volumes de déchets importants, cette doctrine pourrait être prochainement révisée, dans une perspective de développement durable, mais aussi pour la simple raison que les TFA des pays voisins, recyclés, peuvent se retrouver sur nos étagères. Le gouvernement a demandé que, dans le cadre de la préparation du 5e Plan, un accent particulier soit porté aux HA-MAVL et aux TFA. C'est donc sur ces deux catégories de déchets que nous nous proposons de faire le point.

LES DÉCHETS DE HAUTE ACTIVITÉ (HA-TFA)

La France a choisi la voie du retraitement du combustible usé (CU). Ce retraitement consiste à séparer le CU en ses différents composants : des produits de fission de très forte activité, de l'uranium encore

28. Comme, par exemple, la Suède et la Finlande, pays les plus avancés sur ce sujet avec la France.

faiblement enrichi en U 235, du plutonium et d'autres actinides en faibles quantités que, pour l'instant, on ne sépare pas des produits de fission. La période de ces derniers varie entre quelques jours et quelques milliers d'années[29].

Avant la loi de 1991

Dès le début des années 80, le stockage ultime dans des couches géologiques profondes avait reçu la préférence des experts. Après tout, on connaît des structures géologiques profondes qui n'ont pas bougé depuis des millions d'années, voire beaucoup plus. Quatre sites furent alors choisis dans quatre horizons géologiques différents : granite, argile, schiste et sel.

À la fin de l'année 1988, à peine avait-il entrepris des premiers carottages sur le terrain que le département compétent du CEA – qui deviendra ultérieurement l'ANDRA – se heurta à une véritable levée de boucliers. L'affaire avait sans doute été mal préparée. Face à une opposition qui devenait de plus en plus violente, le gouvernement Rocard préféra surseoir, mieux préparer le terrain avant de repartir sur de nouvelles bases et, on l'espérait, consensuelles. Les adversaires du nucléaire purent alors déclarer qu'ils avaient remporté leur première victoire dans une longue bataille visant à ce que la France abandonne l'énergie nucléaire.

Et ce sera en 1991, soit deux ans plus tard, la loi dite loi Bataille, aujourd'hui intégrée dans le code de l'environnement.

La loi sera votée sans opposition sur la base bipartisane du rapport des députés Christian Bataille et Claude Birraux. Présentée comme consensuelle, originale et innovante, cette loi fournissait la preuve que la démocratie parlementaire pouvait être apte à réduire les incertitudes et à dénouer les crises.

29. La demi-vie d'une substance radioactive est le nombre d'années nécessaires à une diminution de la moitié de sa radioactivité ; on considère que, passé dix périodes ou demi-vies, un déchet à vie courte n'est plus nocif.

Il s'agissait de rassembler, d'ici la fin de l'année 2006 et à l'issue d'un programme de recherches approprié, les informations devant permettre au Parlement de définir une politique de stockage, y compris, le cas échéant, de sélectionner un site. Le laps de temps de 15 ans visait à éviter toute décision prématurée ou irréversible. Trois axes de recherche sont retenus :

- Axe I : Recherches sur la séparation poussée et la transmutation des actinides. Leur mélange avec les produits de fission est en effet la principale justification au stockage souterrain.
- Axe II : Étude de la faisabilité du stockage géologique en couche profonde, réversible ou irréversible, dans plusieurs types de sol, à l'aide de plusieurs laboratoires souterrains.
- Axe III : Recherches sur les conditionnements et sur l'entreposage de longue durée.

La loi crée une Commission nationale d'évaluation (CNE), composée de scientifiques. Son objet est d'évaluer les recherches en cours. Des Comités locaux d'information et de suivi – les CLIS – sont également créés à l'instar de ce qui se fait déjà avec les CLI pour les réacteurs et autres INB.

Elle crée également des procédures censées garantir le bon déroulement du processus : en quelque sorte une démarche qualité, avec un nombre de points de passage obligés de nature à doter la décision d'une bonne robustesse.

Mais elle laisse plusieurs points en suspens : le nombre de laboratoires ; la définition de la réversibilité dont on imagine qu'elle peut venir en conflit avec une sûreté à long terme qui implique l'inviolabilité ; la portée de la concertation avec les populations concernées.

Parallèlement, la Règle fondamentale de sûreté (RFS), imposée par l'ASN pour un stockage géologique, recommande que l'augmentation de l'exposition des populations les plus exposées à tout moment du futur n'excède pas le dixième de la radioactivité naturelle. Ce qui limite la dose acceptable à 0,25 mSv/an. La radioactivité naturelle est en moyenne en France de 2,5 mSv/an (radon, rayons cosmiques).

La mise en œuvre de la loi de 1991

Le large consensus qui avait marqué le vote de la loi de 1991 s'est trouvé rapidement mis à mal, donnant ainsi des armes à la contestation. Pour le ministre de l'Enseignement de l'époque, un mausolée au milieu du désert ferait tout aussi bien l'affaire ! Et la ministre déléguée pour l'Enseignement scolaire d'ajouter que le Gouvernement s'apprêtait à renoncer à l'enfouissement au profit d'un stockage en semi-surface. Au point que les services du Premier ministre durent rappeler que la loi de 1991 s'imposait à tous.

Mais c'est d'abord au niveau local que tout se jouera. La France n'est, en effet, pas plus que les autres pays démocratiques, immunisée contre le syndrome NIMBY (*Not In My BackYard*) que l'on peut résumer ainsi : *Faites ce que vous voulez, mais pas chez moi.*

Le Gouvernement fit étudier quatre sites, deux dans l'argile, deux dans le granite. Il s'avéra que l'argile répondait parfaitement aux exigences d'un stockage profond tandis que le granite présentait plusieurs inconvénients : risque de fracturation, volume insuffisant. Il est donc décidé en 2005 de ne pas poursuivre la solution granite.

Finalement, la construction d'un laboratoire put commencer dans une seule formation, argileuse, sur le site de Bure, à cheval sur deux départements, la Haute-Marne et la Meuse. Après bien des péripéties, les recherches ont pu commencer avec la construction d'un laboratoire à 500 mètres de profondeur et dans une couche d'argile[30] de 150 mètres d'épaisseur, horizontale, remarquablement homogène et étanche, non fissurée, stable depuis des millions d'années et dans une zone de séismicité faible. Les résultats nourriront le dossier soumis au Parlement.

30. En fait, une roche très compacte et dure, l'argilite du Callovo-Oxfordien, mélange d'argile et de quartz.

Les lois du 28 juin 2006 et du 25 juillet 2016

La loi du 26 juin 2006 charge l'ANDRA de concevoir et d'implanter un centre de stockage pour les déchets de haute activité et de moyenne activité à durée de vie longue appelé Cigéo (Centre industriel de stockage géologique). Cette loi stipule aussi que ce stockage doit être réversible.

Il n'est plus question que d'un seul site et il est stipulé que ce site se trouvera dans la même couche géologique que le laboratoire de Bure, c'est-à-dire l'argile du Callovo-Oxfordien.

En 2009, l'ANDRA remettait à ses évaluateurs un ensemble de documents présentant les grandes options retenues pour la conception, la sûreté et la réversibilité jusqu'à la fermeture complète du site, dont l'exploitation se fera sur une centaine d'années, comme prévu dans la loi de 1991. À cette occasion, la localisation du futur Cigéo est précisée dans une zone de 30 km^2.

La réversibilité est une demande politique forte. Elle est précisée dans la loi de 2016. L'idée est de laisser aux générations futures la possibilité de modifier ou de réorienter les modalités du stockage pendant les 100 années d'exploitation du site, c'est-à-dire avant son scellement définitif. Il est clair cependant que l'objectif est de stocker des colis de qualité dans un site robuste et que cette réversibilité ne se justifiera que si une technologie apportant un progrès notable et pleinement démontré était identifiée – ce qui n'était pas le cas en 2009 – et était socialement acceptable.

La réversibilité est définie dans le code de l'environnement comme étant « *la capacité, pour les générations successives, soit de poursuivre la construction puis l'exploitation des tranches successives d'un stockage, soit de réévaluer les choix définis antérieurement et de faire évoluer les solutions de gestion* ». Dans ce cadre, l'ANDRA doit élaborer et mettre à jour, tous les cinq ans, en concertation avec l'ensemble des parties prenantes et le public, un plan directeur de l'exploitation du stockage. L'exploitation du centre doit débuter par une phase industrielle pilote permettant de conforter le caractère réversible et la démonstration de sûreté de l'installation, notamment par un programme d'essais *in situ*. Tous les colis de déchets doivent rester aisément récupérables durant cette phase. La phase industrielle pilote comprend des essais de récupération de colis de déchets.

Selon l'échéancier envisagé à cette époque, les travaux de construction de Cigéo pourraient commencer en 2023/2024 pour un début de la phase d'essais vers 2030, en « froid » puis avec de vrais colis et une pleine exploitation vers 2040 pour une centaine d'années avant fermeture définitive du stockage.

Le laboratoire

Sa construction a commencé en 2000 à 500 mètres de profondeur. L'ANDRA y mène des recherches sur l'argilite du Callovo-Oxfordien, une couche de roche argileuse âgée de 160 millions d'années. Sont notamment étudiées 1) les différentes caractéristiques de l'argilite, ses capacités de confinement des radionucléides, son imperméabilité, sa résistance après creusement et sa résistance à l'échauffement induit par l'activité des produits radioactifs et 2) les techniques qui pourraient être utilisées ultérieurement dans Cigéo (capteurs, creusement, etc.). Plus de 700 forages ont été réalisés et 11 000 capteurs installés pour évaluer le lieu. La Commission nationale d'évaluation a suivi l'ensemble de l'expérimentation, en parallèle avec l'ASN. En parallèle, ils ont été accompagnés par toutes les instances nationales et locales (voir note 1) qui ont considéré que les connaissances actuelles sont d'un niveau qui justifie que la demande d'autorisation de construction de Cigéo puisse être engagée.

LES DÉCHETS DE TRÈS FAIBLE ACTIVITÉ ET DE FAIBLE ACTIVITÉ

La législation française impose de traiter comme radioactifs tous les déchets issus de zones radioactives d'installations nucléaires

(INB ou ICPE) ou susceptibles d'avoir été mises en contact avec des matières radioactives. Des règles très strictes de suivi des équipements et de mémorisation de leur cycle de vie sont appliquées sous le contrôle de l'ASN. Cette spécificité empêche de recycler de grandes quantités de matières valorisables, très peu radioactives (moins que certains sols), voire non radioactives. La plupart des autres pays, comme l'Allemagne, ont établi un seuil de libération qui permet le recyclage des matériaux.

En conséquence, à côté du CSA, site de stockage des déchets FA de Soulaines-Dhuys dans l'Aube, il a fallu créer en France un site de stockage de déchets TFA à Morvilliers dans lequel les déchets sont enfouis, depuis 2002 dans des alvéoles. Celles-ci sont isolées par des membranes en plastique et le tout est surmonté d'un épais remblai d'argile. Ce site sera surveillé 300 ans.

L'activité de loin la plus productrice de TFA est le démantèlement, qui va se développer dans les prochaines décennies. C'est pourquoi l'ASN envisage aujourd'hui, sous la pression des producteurs de déchets mais aussi du gouvernement, d'autoriser, sous strict contrôle, certains recyclages (aciers en particulier). La difficulté n'est pas liée à la dangerosité de ces matériaux, infime, mais à une communication difficile face à des associations très actives.

Le Plan national de gestion des matières et déchets radioactifs (PNGMDR)

Ce document, évoqué plus haut, présente l'inventaire exhaustif de matières et déchets radioactifs et l'ensemble des installations d'entreposage et de traitement opérationnel et qui seront nécessaires dans le futur. Le 2 avril 2020, la ministre chargée de la Transition écologique et solidaire et le président de l'Autorité de sûreté nucléaire faisaient connaître les suites qu'ils entendaient donner au débat dans la perspective du 5e PNGMDR. Il fait suite notamment au bilan de ce débat dressé par la présidente de la CNDP, ainsi qu'au compte rendu de la Commission particulière du débat public. À en juger par les comptes rendus de ces débats, il a été surtout tenu compte, comme souvent dans ce cadre, des contributions des associations environnementales qui demandent l'arrêt du nucléaire et du retraitement des combustibles usés. Géologues, hydrologues, neutroniciens, médecins n'ont pratiquement pas été entendus face à des associations puissantes et organisées.

Le projet Cigéo

De nombreuses étapes devront être franchies tout au long de la vie de Cigéo et avant que sa construction puisse commencer. Les principales étapes (accompagnées de multiples dossiers et procédures particulières liées à l'INB, aux ICPE, à l'environnement) devraient être les suivantes (dates encore indicatives) :

- Demande de déclaration d'utilité publique concernant l'ensemble des aménagements locaux à réaliser pour accompagner le projet. Celle-ci a été déposée en 2020.
- Demande d'autorisation de construction de Cigéo en 2021.
- Autorisation de démarrage en inactif de la phase pilote vers 2030.
- Autorisation de démarrage en actif de la phase pilote vers 2035.
- Dépôt d'un dossier de retour d'expérience de la phase pilote.
- Consultation du Parlement.
- Autorisation de démarrage industriel du stockage des déchets HA vers 2040.

Cette complexité résulte d'une INB « évolutive », contrairement aux autres INB qui ont une configuration et un fonctionnement largement prédéterminés.

La clôture définitive du site pourrait intervenir vers 2150.

Il est clair que ce calendrier dépendra d'une réelle volonté politique mais également, comme souvent constaté dans notre pays, de procédures judiciaires tant françaises qu'européennes que pourraient engager de puissantes associations françaises mais aussi mondiales.

Expériences étrangères

En Suède, un processus longtemps bloqué

Les quatre propriétaires de centrales nucléaires sont actionnaires de la société SKB qui est chargée du stockage des déchets radioactifs. La Suède a opté pour le cycle « ouvert » : on y considère les combustibles usés comme des déchets. Pour ce qui nous concerne ici, la problématique est similaire à celle qui prévaut en France à ceci près que le volume à stocker est de cinq fois supérieur puisque le combustible usé n'est pas retraité et est par conséquent stocké en l'état. Encapsulés dans du cuivre, les déchets nucléaires sont déposés dans de la bentonite, une argile à forte capacité d'absorption, et enfouis à 500 mètres de profondeur dans une roche de granit homogène, non fissurée et avec très peu d'eau. Le sous-sol de la Suède étant principalement constitué de granites, ce pays n'avait d'autre choix que de développer un concept de granite. Ce projet a fait l'objet d'un avis favorable de l'autorité de sûreté. Début 2018, le tribunal de l'environnement en charge de l'autorité environnementale a demandé des compléments à SKB qui a apporté des réponses et attend la décision finale.

En Finlande

Comme la Suède, la Finlande a opté pour le cycle ouvert. Le sous-sol y est de même nature.

La construction du stockage a été autorisée par le gouvernement finlandais, sans grande protestation, et le creusement du site souterrain s'est engagé en 2017, pour un milliard €. D'ici 2120, lorsque tout le combustible aura été entreposé, les tunnels seront rebouchés et scellés d'une épaisse couche de béton et les installations en surface seront détruites. La Finlande est tout près du but mais n'a à traiter que 4 réacteurs.

LE DÉMANTÈLEMENT/DÉCONSTRUCTION

Le démantèlement est une étape normale de la vie d'une centrale. Elle se déroule en trois phases :

- Première phase : mise à l'arrêt définitif ; les combustibles sont déchargés, puis évacués et les circuits vidangés.
- Deuxième phase : démantèlement des principaux composants afin de réduire le contenu radiologique de l'installation.
- Troisième phase : démantèlement de l'ensemble des structures et de l'enceinte de confinement.

Deux stratégies sont alors envisageables : le démantèlement immédiat ou le démantèlement différé. La seconde permet de bénéficier de la décroissance radioactive et de réduire ainsi la dose reçue par les opérateurs. Elle prolonge cependant la durée de surveillance de l'installation ; c'est celle retenue au Royaume-Uni qui préfère attendre 70 ans. En France, c'est la première stratégie qui a été retenue ; cette stratégie permet de forger une expérience utile dès maintenant pour la maintenance des centrales en fonctionnement, la conception des nouvelles centrales et les futurs démantèlements.

En France, plusieurs sites sont en déconstruction ; la plupart appartiennent au CEA, mais 9 réacteurs sont aussi en cours de démantèlement chez EDF et des installations du cycle du combustible chez ORANO (cycle de l'uranium et du retraitement des combustibles irradiés). Si plusieurs réacteurs de recherche ont déjà été totalement démantelés, jusqu'à réutilisation du sol (Triton, Melusine, Siloe), des difficultés accompagnent les démantèlements d'anciens réacteurs liées à une défaillance de prévision des opérations de démantèlement à la conception, mais aussi à des blocages réglementaires persistants dans le domaine de déchets très spécifiques. Ils devraient être résolus, car le niveau de radioactivité est faible.

- Le réacteur expérimental à eau lourde de Brennilis en Bretagne. Commencées il y a 25 ans, les opérations de démantèlement progressent lentement, cela pour au moins deux raisons : 1) un mauvais montage industriel avec multiplication inconsidérée des intervenants et dilution subséquente des responsabilités, 2) l'opposition de ceux-là mêmes qui avaient milité pour la fermeture du réacteur; c'est ainsi que le décret de 2006 autorisant le démantèlement total a été annulé en Conseil d'État pour défaut de transposition d'une directive européenne exigeant une enquête publique. Une nouvelle demande a été déposée; la Commission d'enquête a remis un avis partiellement négatif (malgré un avis positif de la CLI et de 13 municipalités sur les 15 concernées). Le Gouvernement a finalement donné en 2011 une autorisation partielle de démantèlement en suivant l'avis de la Commission.

- Le réacteur REP de Chooz A dans les Ardennes est en cours de démantèlement.
- 6 réacteurs UNGG (Uranium naturel graphite gaz), 3 à Chinon, 2 à Saint-Laurent-des-Eaux et 1 à Bugey, ont vu leur démantèlement retardé du fait d'un changement de stratégie d'EDF.
- Superphénix, réacteur à neutrons rapides, désormais débarrassé du sodium et dont la cuve est en cours de démantèlement.

La loi stipule que les dépenses à engager pour un futur démantèlement doivent être provisionnées. Au total, EDF estime la facture du démantèlement des 58 réacteurs français à 20,5 milliards €. Mais l'observateur se trouve ici perdu face à des divergences considérables entre évaluations du coût réel du démantèlement, qui dépendent largement du futur de cette technologie de production d'électricité, sa poursuite permettant une gestion normale du personnel et le maintien des compétences. Le prix du démantèlement dépendra donc beaucoup de la clarté des décisions politiques mais aussi de l'assouplissement de procédures dont le coût est très élevé et pas toujours en cohérence avec la dangerosité réelle des démantèlements et des déchets. Le rôle de l'ASN pour faciliter les démantèlements sera très important si on se réfère à l'expérience américaine.

Aux États-Unis, 6 réacteurs à eau sous-pression, similaires aux nôtres, ont été totalement démantelés et déclassés.

À titre d'exemple, le réacteur de Maine Yankee a été démantelé en 8 ans, de 1997 à 2005, jusqu'à assainissement complet du terrain (*greenfield level*). Nous disposons de deux évaluations du coût réel qui sont à peu près cohérentes : 495 millions $ selon l'EPRI (Electricity Power Research Institute) et 508 millions $ selon l'assistant au maître d'ouvrage en charge du contrôle des coûts.

De tels chiffres ne sont pas directement transposables dans le contexte français, ne serait-ce du fait des différences dans les réglementations ; ainsi, aux États-Unis, l'existence de seuils libératoires en matière de radioactivité permet de remettre des bâtiments ou des déchets dans le domaine public sans contrainte, voire d'enfouir *in situ* les cuves ou les gros composants, etc. À l'inverse, il y aurait lieu de tenir compte des écarts de coût de main-d'œuvre, qui majorent toute référence à des projets réalisés aux États-Unis.

Reste que l'expérience des États-Unis montre que le démantèlement est possible sans drame et à un coût somme toute raisonnable[31].

31. Les débats sont disponibles sur le site du GAO (General Accounting Office, sorte de Cour des comptes à l'américaine).

ANNEXE 10

LE PASSAGE À 50% DU NUCLÉAIRE DANS LE MIX ÉLECTRIQUE, PRINCIPAUX ENJEUX

L'ORIGINE DE LA DÉCISION

C'est au début du mois de septembre 2011, lors de la convention du Parti socialiste chargée de désigner le candidat à la future élection présidentielle, que François Hollande, prenant la parole après Martine Aubry qui s'était prononcée en faveur d'un abandon pur et simple du nucléaire, proposa une réduction de la part du nucléaire dans le mix électrique : « *Les Allemands* (voir annexe 4) *vont se priver en 11 ans de 20 GW de nucléaire ; il n'y a pas de raison que nous n'arrivions pas à faire de même d'ici 2021.* » En février 2012, le Parti socialiste et les Verts se mettent d'accord pour le passage de 75 à 50% du nucléaire dans le mix électrique. Aux élections présidentielles de 2012, la candidate des Verts, Eva Joly, finira à 2,31%.
Cette décision de réduire le nucléaire n'a fait l'objet d'aucun débat au Parlement. Pas plus que celle de fermer 14 réacteurs d'ici 2035, soit 12,6 GW sur 63,3. On notera cette déclaration du président de la République en novembre 2018 lors de la présentation du projet de Programmation pluriannuelle de l'Énergie : « *Le rythme de fermeture sera déterminé en fonction... de la montée en puissance des énergies renouvelables* » **Le lien entre fermeture de réacteurs et développement des ENRi est donc confirmé au plus haut niveau de l'État.**

La priorité aujourd'hui donnée à la lutte contre le réchauffement climatique apporte une justification supplémentaire majeure à une électricité non carbonée, « pilotable » (s'adaptant à la demande) et susceptible d'être produite à très grande échelle pour satisfaire aux besoins. Aucun autre moyen de production ne réunit ces trois avantages.

C'est cet atout industriel remarquable qui, depuis 40 ans, a alimenté le pays de façon sûre avec une très bonne disponibilité en fournissant une électricité à un prix compétitif et qui n'émet pratiquement pas de CO_2, que l'on s'efforce de réduire « ***parce qu'on ne peut pas dépendre d'une seule technologie*** », dira Élisabeth Borne, ministre de la Transition écologique, dans une tribune parue dans *Le Monde* du 21 février 2020. C'est là la première des trois justifications a posteriori de ce passage de 70 à 50%.

Une deuxième justification est que le nucléaire présenterait un ***risque systémique de mode commun***. On entend par là la découverte d'un défaut majeur de conception d'un réacteur du parc qui se serait révélé postérieurement à sa mise en service et amènerait à conclure que tous les réacteurs du même type doivent être abandonnés et qu'il faut de toute urgence passer à autre chose, d'abord à du 50%, ensuite à du zéro nucléaire puisque s'arrêter à 50% n'a pas de sens face à un tel risque. Certes, les réacteurs du parc ont connu, au cours de ces 40 dernières années – qui représentent plus de 2000 années x réacteur REP – des arrêts pour des raisons techniques. Mais ces raisons ont été analysées selon les meilleures règles de l'art tout en prenant en compte l'expérience des réacteurs étrangers de même nature.

Une troisième justification est que « ***il ne faut pas mettre tous ses œufs dans le même* panier** ». En fait les « œufs » (réacteurs) ne sont pas dans un « seul panier », mais dans plusieurs. Ils appartiennent à différents « paliers », ils n'ont pas été « pondus » à la même date. Ce qui leur procure une véritable diversification, en fait une double diversification :

- Diversification de fabrication, diminuant fortement les défaillances de mode commun. Il en est ainsi, par exemple, des générateurs de vapeur pour lesquels il existe plusieurs fournisseurs qui, de plus, mettent en œuvre des technologies différentes.
- Diversification d'exposition aux risques naturels (séismes, inondation, etc.) du fait de leur installation sur 19 sites.

Trois formules d'un bon sens apparent mais qui n'expliquent rien.

LES SOURCES INTERMITTENTES ET LE RISQUE DE MODE COMMUN

En ce qui concerne la sécurité d'approvisionnement que procure un parc de sources intermittentes, ce qui importe, ce n'est pas le foisonnement – *il y a toujours du vent quelque part* – mais la puissance garantie du parc.

Dans une étude de 2014 portant sur la zone interconnectée européenne, H. Flocard, J.-P. Pervès et J.-P. Hulot[32], évaluent cette puissance garantie à quelques pourcents seulement de la puissance installée.

De leur côté, les 4 Gestionnaires de réseaux de transport (les GRT) allemands – homologues de RTE, Réseau de transport d'électricité –, instruits par des années d'exploitation de leurs très grands parcs éoliens terrestres et en mer, considèrent unanimement que la puissance éolienne garantie ne dépasse pas 1% de la puissance installée, y compris pour l'éolien en mer.

C'est en ce sens que la combinaison éolien + PV représente un risque systémique de mode commun majeur.

Face à ce risque systémique, deux parades sont à la mesure des enjeux. Ce sont les suivantes :

- Soit développer des capacités massives de stockage capables de couvrir au moins une dizaine de jours de pénurie de vent, ou de stocker les excédents saisonniers de l'été pour pouvoir les utiliser en hiver. Le principal candidat est aujourd'hui la séquence : électricité intermittente, électrolyse de l'eau, stockage de l'hydrogène, transformation de l'hydrogène en électricité à travers les PAC (Piles à combustible). C'est le P2G-G2P. Mais aujourd'hui le rendement global du processus (P2P) n'est que de 30%.

32. *Électricité : intermittence et foisonnement des énergies renouvelables.* Disponible sur le site www.sauvonsleclimat.org

- Soit conserver suffisamment de moyens pilotables. Or, dans la perspective de la neutralité carbone, un seul est à la fois décarboné, pilotable et déployable à grande échelle : le nucléaire.

D'autres solutions sont souvent mises en avant :

- L'effacement et le report de certaines consommations, notamment lors des pointes de consommation. L'effacement concerne les gros consommateurs industriels, coûte cher et n'est pas à recommander quand la priorité va plutôt à la réindustrialisation du pays. La généralisation du compteur Linky devrait rendre possible le report par les ménages de certaines de leurs consommations des heures de pointe, mais pour que ce report soit effectif, d'autres conditions devraient être satisfaites qui sont loin de l'être (tarifs horaires par exemple).
- Le recours aux STEP (Station de transfert d'énergie par pompage). Composées de deux bassins situés à des altitudes différentes, elles permettent de stocker de l'énergie en pompant l'eau du bassin inférieur vers le bassin supérieur lorsque la demande d'électricité est faible et le prix de l'électricité peu élevé. EDF possède 6 STEPs (5,1 GW). La création de nouvelles STEPs pose, comme on peut l'imaginer, des problèmes d'acceptabilité par le public.

La dimension européenne des capacités à l'horizon 2030-2050

Les systèmes électriques des pays membres sont largement interconnectés ; c'est la « plaque de cuivre » européenne. La décision de renouveler ou de ne pas renouveler le parc nucléaire doit donc être envisagée dans une perspective européenne.

L'attrition d'ici 2030 de capacités nucléaires (25 GW) ainsi que de capacités thermiques (charbon + lignite) dans plusieurs pays européens pour une centaine de GW représenterait environ 125 GW. Ce sont 125 GW de grands turbo-alternateurs qui seront arrêtés ; il s'agit là de machines tournantes dotées d'une inertie indispensable à la stabilité du réseau. Le risque systémique de mode commun d'un recours massif à l'éolien et au solaire concerne une grande partie de l'Europe. La conséquence

est redoutable, d'autant plus redoutable que la majorité des pays européens se lancent aveuglément dans le tout éolien et solaire.
L'augmentation des besoins en flexibilité demandés aux moyens pilotables pour compenser les variations nettes de la somme (consommation + productions intermittentes) va être considérable.

- Des variations horaires de puissance appelée de forte amplitude (jusqu'à 20 GW/heure).
- Des variations journalières pouvant aller jusqu'à 400 GW en 24 heures.

Il s'agit là d'un phénomène entièrement nouveau.

La voie hydrogène

Très séduisante sur le papier, l'économie d'hydrogène a de nombreux partisans. L'Allemagne a de grandes ambitions en matière d'hydrogène « vert », cela dans la perspective d'un mix 100% ENR. La France également. Mais les défis sont considérables et rien n'indique qu'ils pourront l'être à un coût raisonnable.
Dans ce contexte, le nucléaire français – et celui des autres pays européens qui ont choisi l'option nucléaire – contribuera de façon décisive à la décarbonation de la production d'électricité européenne. Au-delà du nucléaire et de l'hydraulique pour les pays qui en possèdent, le moins mauvais candidat d'un point de vue environnemental reste le gaz fossile.
L'abandon du charbon et son remplacement par du gaz en Allemagne contribueront à une diminution des émissions de CO_2, mais le remplacement du nucléaire français, même en partie, par du gaz contribuerait à une augmentation des émissions de CO_2 en France.

CONCLUSIONS

En France

La fermeture de 14 réacteurs d'ici 2035 est souvent associée au renouvellement du parc dont il s'agirait simplement d'anticiper l'échéancier. Les réacteurs du parc ayant été construits dans un laps de temps très court (8 réacteurs mis en service au cours de la seule année 1988) et comme ils vieillissent tous au même rythme, on se trouve confronté à « l'effet falaise » qui voudrait que, si n'étaient en cause que des considérations d'ordre économique, la nouvelle génération soit mise en service suivant un échéancier aussi serré que celui qui a prévalu lors de la construction du parc actuel. D'où l'idée d'échelonner la fermeture des 14 réacteurs et, comme l'avait proposé le président d'EDF, de lancer dès 2022 la construction d'une première série d'EPR nouvelle génération. Mais ceci implique que le gouvernement ait pris la décision de renouveler le parc et que, vu les enjeux, une telle décision ait été préparée avec soin.

Rien n'indique aujourd'hui que ce soit effectivement le cas. La décision ne sera pas prise avant la fin de 2023 comme l'a rappelé le président de la République, c'est-à-dire après l'élection présidentielle.

À supposer que le gouvernement décide en faveur du renouvellement du parc et, pour commencer, par la construction de 6 nouveaux EPR, la première question qui se posera est celle de savoir à quel taux EDF – dont on connaît l'endettement – pourra emprunter. Le président d'EDF a déjà fait savoir qu'il souhaitait trouver des investisseurs qui acceptent de participer au financement des réacteurs qui, pour faire de la place aux ENRi, auront un facteur de charge qui pourrait bien ne pas dépasser les 50%[33].

Au niveau européen

Ces conclusions s'inscrivent dans un contexte qui est celui d'une Europe qui veut à la fois 1) développer massivement les sources de production éoliennes et photovoltaïques et 2) atteindre la neutralité carbone en 2050.

33. C'est là le facteur de charge des réacteurs pilotables en Allemagne alors que le pourcentage des ENRi dans le mix électrique est voisin de 38%, pourcentage que devrait atteindre la France en 2035.

Ces deux objectifs ne sont compatibles qu'en conservant suffisamment de moyens nucléaires ; les réduire condamne à les remplacer durablement par des moyens utilisant des combustibles fossiles.
Le résultat le plus probable au niveau de l'Europe est que les pays dépourvus de moyens nucléaires et devant arrêter leurs centrales à charbon pour des raisons environnementales évidentes, vont devoir développer massivement des moyens utilisant le gaz.
C'est notamment le cas de l'Allemagne qui a commencé sa sortie du charbon et qui, pour garder suffisamment de puissance pilotable, n'a d'autre solution que de construire de nouvelles centrales à gaz.

Avant de détruire ce qui, somme toute, marche bien, il conviendrait de s'assurer qu'il existe des solutions validées apportant un service équivalent.
C'est ainsi que les meilleures intentions du monde risquent d'aboutir à une augmentation des émissions de GES et à une dépendance accrue vis-à-vis de fournisseurs de gaz naturel.

ANNEXE 11
RÉFÉRENCES

Les principaux acteurs :

- le MTES (Ministère de la Transition écologique et solidaire)
- RTE (Réseau de transmission d'électricité)
- CRE (Commission de régulation de l'énergie)
- EDF (Électricité de France)
- ORANO, etc.

Des sites bien informés et où l'on trouvera de nombreuses analyses :

- Connaissance des énergies, qui publie plusieurs fois par semaine des analyses de la situation ainsi que des fiches pédagogiques.
- Sauvons le climat : sauvonsleclimat.org
- Henri Prévot : hprevot.fr
- Jean-Marc Jancovici : jancovici.com
- Hartmut Lauer : allemagne-energies.com/author/lauer0508
- Lionel Taccoen : géopolitique-électricité.fr
- La SFEN (Société française énergie nucléaire), comme son nom l'indique, favorable au nucléaire.
- PNC (Patrimoine nucléaire et climat) France. Présidé par Bernard Accoyer, ancien président de l'Assemblée nationale. Parmi ses membres, de nombreux parlementaires favorables au nucléaire.
- Le Cérémé, Cercle d'études des réalités écologiques et mix énergétiques.
- La World Nuclear Association qui publie régulièrement des analyses des politiques nucléaires des pays qui en ont une.
- L'ADEME, Agence de l'environnement et de la maîtrise de l'énergie. Placée auprès du MTES auquel elle a pour mission de faire des propositions, cette agence est l'avocat du mix électrique 100% ENR.

Voir également les ONG prônant l'abandon du nucléaire : Greenpeace et le scénario *négawatt*, Sortir du nucléaire, Global-chance, Réseau action climat, la fondation Nicolas Hulot, etc. Ces ONG misent sur la décroissance, celle de la consommation d'énergie et d'électricité.

Le Syndicat des énergies renouvelables (SER), dirigé par un ancien responsable de l'ADEME.

Institutions impliquées dans le changement climatique :

- Le Parlement et ses commissions d'enquête. À noter : le rapport de la Commission présidée par Barbara Pompili à l'orientation nettement antinucléaire, publié en 2018, et celui de la Commission présidée par Julien Aubert (sur le coût complet des ENR) publié fin 2019.
- L'OPECST (Office parlementaire évaluation des choix scientifiques et techniques). Présidé par le sénateur Gérard Longuet. Publie de rapports de qualité.
- La Cour des comptes. Nombreux rapports sur la transition écologique, notamment sur l'éolien et le solaire, le coût du nucléaire, le démantèlement, etc.
- Les Académies, médecine, technologie, etc.

N'oublions pas ces instances qui consultent le public et publient des rapports :

- La Commission nationale pour le débat public, présidée par Chantal Jouanno, ancienne DG de l'ADEME
- Le Haut Comité pour la transparence et l'information sur la sécurité nucléaire
- Le Conseil économique, social et environnemental
- Le Conseil de défense écologique
- L'Autorité environnementale
- Le Haut Conseil pour le climat
- Le Comité de gouvernance de la convention citoyenne pour la transition écologique